JN240339

中学数学＋α でわかる

線形代数 のエッセンス

—— 現代に必要不可欠な数学、そのわけ

関根章道（著）

技術評論社

はじめに

行列やベクトルをひたすら扱う数学を「線形代数」といいます。では、線形代数とは何を勉強する分野なのでしょうか。
Wikipediaによると、『線形空間と線形変換を中心とした理論を研究する代数学の一分野である。現代数学において基礎的な役割を果たし、幅広い分野に応用されている』と記されています。うーん、何を言っているか分かりませんね。

Wikipediaはさらに、『日本の大学においては、多くの理系学部学科(特に理学部・工学部)で微分積分学とともに初学年から履修する』とあります。にもかかわらず、高校教育においては2015年からの新課程で数学C(当時の主な内容は、行列・平面での曲線・統計など)が廃止され、行列の分野がごっそり除外されてしまいます。現場の数学教師は驚愕し、また落胆したものでした。

しかし、2022年から数学C(主な内容は、ベクトル(数学Bから移行)・式と曲線・複素平面など)が復活します。

ただし、実践に移されるのは2022年度入学者が高校3年生になる2024年です。ベクトルは復活できたのに、行列の分野は完全復活とはいかないようです(泣)

　行列は現代数学の基礎的な内容として様々な場面で活用されているにもかかわらず、繁雑な計算の意味やどのような場面で活用されるのかがわかりにくかったことからでしょうか。さて、本書では中学数学とほんの少しの高校数学で理解できる「線形代数」とさらに少し上を目指してみようという視点で、できるだけ解りやすく書いてみました。「線形代数」の入門として最後までお読みいただけると嬉しく思います。

令和6年9月　関根章道

目次

本書の読み方

● ここが +α

本書の一番の特徴である「+ α」 というマークです。
ポイントとなる部分ですので、しっかりおさえてから読み進めてみてください。

● ちょこっとRemedial

中学校や**高等学校までに学習したことなど**を学び直しています。
あれっなんだっけ？と思ったときに振り返ってみてください。

● ちょっと一息

定理や解き方をあみ出した数学者の歴史や意外な線形代数の使い方などを
紹介しています。疲れたときにちょっと読んでみてください。

● Example

解説した内容に沿ってシンプルな**例題を挙げていますので計算順序をよく**
見て、Questions を解く前の参考にしてください。

● Questions

要所要所に**練習**問題を入れました。
書くスペースをとってあるので、実際に書き込みながら考えてみてください。
Example を見ながら、まずは解答を見ずにチャレンジしてみてくださいね！

● 解答

Questions の解答です。
正解が得られなかった方は、解説のところに戻ってみてください。
計算順序の違いや符号ミスなどのこともありますので、慎重に見直しをし
てみましょう。

第 1 部

行列と行列式、ベクトルの基礎

関根先生

僕は数学の先生、関根です。
本書では、中学数学レベルの知識でも分かるように、線形代数をかみ砕いて
解説していきましょう。

かづ君

中学数学レベルの知識でも分かる…か。
本当かな…。
僕なんて、大学に入学して早5カ月で既に
解析学基礎が未履修の危機にあるぞ。
僕でも分る線形代数の講義が
本当にあるんですか…!?

萌ちゃん

かづの妹で、高校1年生。
私にも理解できるのかしら…

第1部では線形代数とは何か、ベクトル・
行列とは何かを簡単に解説しましょう。また、
行列式を用いて連立方程式を解いたり、
1次独立・1次従属までを説明しましょう。
高校数学が赤点だった人もご安心を。
さあ、始めますよ!

Chapter 1

ベクトル・行列の基本中の基本

線形代数の基本はとても簡単なんです。まずは、基本の計算から。

Section 1 線形って何？

そもそもこの**"線形"**の意味が良く分からないという大学生も多いようです。線形代数を英語では、linear algebra[liniər ældʒəbrə] といいます。linear は、line（直線、ライン）の形容詞形で、"直線の、直線的な"という意味です。また、algebra は代数。すると、linear algebra は直線的な代数ということになりますね。

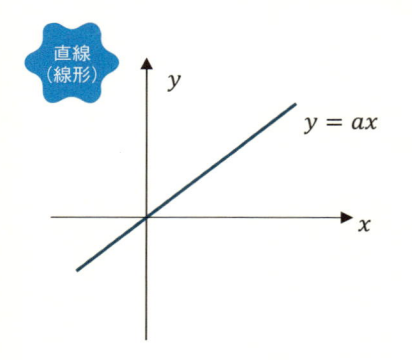

直線
（線形）

$y = ax$

さて、何が直線的なのかというと変数 x と変数 y の関係性です。この2つの変数の関係が直線的ということは、

$$y = ax$$

1次関数ですね。1次関数は直線で表せる関係で、これは中学校で習った比例関係です。$a > 0$ とした時、左上のように傾きが a で原点を通る直線でしたね。

2つの変数の関係には、直線として書けないものも多くあります。

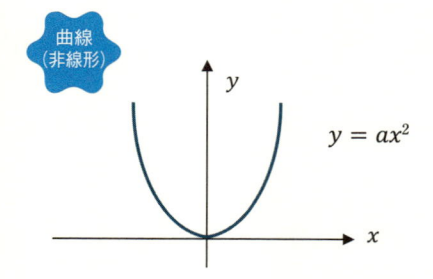

曲線
（非線形）

$y = ax^2$

$$y = ax^2$$

これは2次関数で、書くと直線ではなく曲線ですので「**非線形**」と呼びます。

$a > 0$ とした時、原点（頂点という）を通り上に広がった（下に凸という）放物線となります。

$y = ax^3$ も $y = ax^4$ も非線形です。線形代数では、基本的に1次関数のみを扱いますので、

$$ax + by = cz$$

のような1次の関数です。ただ、変数の考え方やとり方によっては、2次関数も1次関数として考えられ「線形」となる場合があるので注意が必要です。例えば、$y = ax^2$ で、$x^2 = \Delta$ と置き換えてみると、Δ と y の関係は $y = a\Delta$ のように1次関数ですから、「線形」として捉えることができます。x と y の関係は「非線形」でも、Δ と y の関係は「線形」と考えられるわけです。

Section 2 行列って何？ ••••••••••••••••••••••••••••••••

行列の入り口として"**量を表現する**"という意味を考えてみましょう。

ものの量の表し方には、**スカラー量**と**ベクトル量**とがあります。
スカラー量は、距離を表すときの5km、時間を表すときの30秒のように1つの数値（変数）や単位で意味を持つものです。

> スカラーの語源は、英語の「scale」と同じです。ですから、スカラー量は「大きさ」を表す量だと捉えると分かりやすいかもしれません。

それに対して、ベクトル量とは2つ以上の数値（変数）や単位をもって意味を成すものです。

例えば、速度を表す40km/h、加速度を表す 9.8m/s^2 などです。

> ベクトル量は、2つ以上の性質をあわせ持つ量なんですね。

身の回りには、ベクトル量で表されるものが他にも多くあります。

ある青果店Aの大根（D）、人参（N）の仕入れ数を考えます。

	D 	N
仕入れ数	30	15

これを、(30 , 15)と簡素化して表したとしましょう。

　これを**行ベクトル**と言います。

大根（D）と人参（N）、性質の違う2つの量を表現しましたのでベクトル量ですね。

> 向きと大きさを持つ量をベクトル量だと思っていました。
> ベクトル量は、向きが関係する数のことだけを指す訳じゃないんですね。

さらに、大根の仕入れ数と売り上げ数を調べてみると、

	D
仕入れ数	30
売り上げ数	25

だとします。

> へえ、行列って身の回りの数を縦横の数のみの表みたいにして表せるんですね？
> （行列ってもっと難しいものだと思ってた…）

$\begin{pmatrix} 30 \\ 25 \end{pmatrix}$ これを**列ベクトル**と言います。

　当然かもしれませんが、すべての仕入れ数と売り上げ数を1度に表現したいですよね。

	D🥕	N🥕
仕入れ数	30	15
売り上げ数	25	13

$$\begin{pmatrix} 35 & 15 \\ 25 & 13 \end{pmatrix}$$

です。さらにさらに、大根（D）、人参（N）、トマト（T）の仕入れ数とその売り上げ数だったとしたら、

	D🥕	N🥕	T🍅
仕入れ数	30	15	45
売り上げ数	25	13	42

$$\begin{pmatrix} 30 & 15 & 45 \\ 25 & 13 & 42 \end{pmatrix} \quad \cdots※$$

といったように、違う意味を持つ多くのデータ（数値）を（　　　　　）の中に並べて書いたものを**行列**と呼びます。

数値だけ同じ配列で行列を用いて表現した方がすっきりしますよね。

また、ある生徒AさんとBさんの国語・英語・数学・理科・社会の5教科のテスト
　結果（100点満点）が次のようだったとします。

　Aさん→国語65点・英語48点・数学85点・理科55点・社会70点
　Bさん→国語54点・英語78点・数学45点・理科75点・社会68点

行列で、$\begin{pmatrix} 65 & 48 & 85 & 55 & 70 \\ 54 & 78 & 45 & 75 & 68 \end{pmatrix}$

とすれば、いちいちＡさんの数学の成績は…というかわりに、1行目の3列目、これを $a_{13}=85$（後述）などとすれば煩雑ではないですね。
行列の各々の数値を**成分**と呼びます。

　また、※の行列を2行3列行列（2×3行列とも表現します）と呼びます。一般に、イメージとして右のように覚えるとよいかもしれません。

関数

2つの変数 x, y があり、x の値を一つ決めるとそれに対応して y の値が一つ決まるとき、y は x の関数であるといいます。関数にはいろいろな種類があります。例えば、$y = 2x \cdots ①$　$y = x^2 \cdots ②$　$y = \dfrac{1}{x} \cdots ③$

①は1次関数、②は2次関数、③は分数関数（反比例の関係）です。
上記の関数の x に適当な数を代入します。すると各式に対応して y の値が決定しますね。

関数の式が変われば、同じ数を x に代入しても y の値は異なってきます。
x を独立変数、それに従って決まる y を従属変数ともいいます。関数は英語で、*function* ですから、一般に $y = f(x)$ と表し、①や②は $f(x) = 2x$、$f(x) = x^2$ と書くことができます。

ちなみに「関数」は、元々は「函数」という漢字を使っていました。ある数を入れたら、ある数を出してくれる箱のようなものなので「函（はこ）」という字を使っていたのですね。

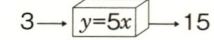

$3 \longrightarrow \boxed{y=5x} \longrightarrow 15$

Section 3 ベクトルの基礎 ･････････････････････････

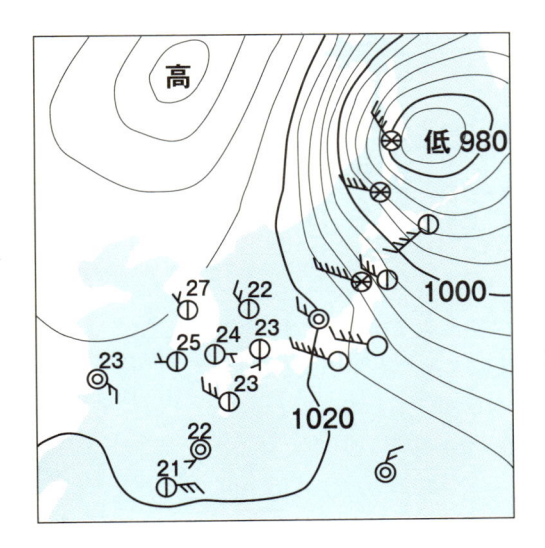

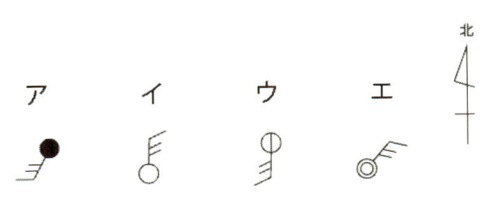

前のSectionでたびたび出てきた「**ベクトル**」の基礎を学習しましょう。行列の計算にもつながる重要な要素です。高等学校では「数学B」（新学習指導要領では、数学C）の中で取り扱われています。

高校数学で学習する「ベクトル」。**方向と大きさの2つの量からなる文字通りベクトル量の一つです。**

ここが **+α**

簡単な例を使って説明しましょう。左の図は、天気図です。

図の中にある左のようなマークは、天気・風向き・風の強さ（大きさ）の3つの要素を同時に表現しています。**ア**は、雨（●）・南南西（髭の向き）・風力3（髭にくっついている線の本数）、**イ**は、快晴・北・風力3を意味しています。

さて、高校数学のベクトルでは、向きと大きさの2つの要素を持っているものと捉えて、**矢線ベクトル**と考えます。

向きと大きさ、この2つの量が同じであるベクトルは同じベクトルと考えます。

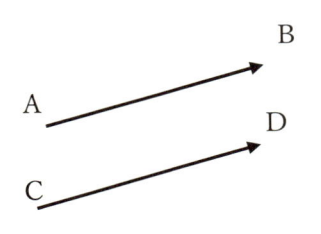

有効線分ABで表されるベクトルを $\overrightarrow{AB}$ と書くことにしましょう。

また、単に $\vec{a}$ や $\vec{b}$ と表すことも多いです。

上の2つのベクトルは線分ABと線分CDの大きさが等しく、その向きも同じです。これを、$\overrightarrow{AB} = \overrightarrow{CD}$ と書き、2つの**ベクトルは等しい**といいます。

平行移動したベクトルと言えますね。平行移動とは、図形をある方向に一定の距離だけ移動させることで、ベクトルの場合、大きさや方向は変化しません。

さて、上でいったベクトルの大きさは次のように書きます。

$\overrightarrow{AB}$ の大きさは、$|\overrightarrow{AB}|$

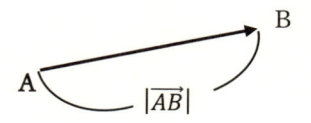

$\overrightarrow{AB}$ のままでも構いませんが、単に1文字を用いて $\vec{a}$ としておきましょう。

$\vec{a}$ の大きさは、$|\vec{a}|$ ですね。簡単に言えば、ベクトルの大きさは線分ABの長さです。長さですから、向きは関係ありませんね。

また、**大きさが1**であるベクトルを**単位ベクトル**といいます。

Section 4　ベクトルの和・実数倍と大きさ･･････････････････

　さて、ベクトルの和・差や実数倍について計算はどのようにしていくのでしょうか。2つの異なるベクトル $\vec{a}$ と $\vec{b}$ があります。この2つのベクトルを加えたり引いたりするにはどうしたら良いかということです。

今、東京都大田区にある蒲田駅から神奈川県にある横浜駅に行くとしましょう。
どのようなルートで行きますか？
もちろん、JR京浜東北線で一気にという人もいるでしょう。
ですが、東急多摩川線で「多摩川駅」まで行き、東急東横線に乗り換えて「横浜駅」でも行けますね。

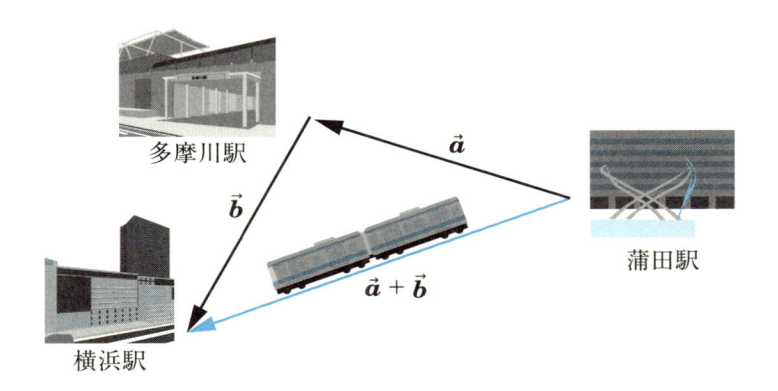

多摩川駅

$\vec{a}$

$\vec{b}$

蒲田駅

$\vec{a} + \vec{b}$

横浜駅

　結果として、どちらも**始点は蒲田駅で終点が横浜駅**で、蒲田→多摩川を$\vec{a}$、多摩川→横浜を$\vec{b}$と考えれば、JR京浜東北線での移動は$\vec{a} + \vec{b}$と等しいということが路線図からも分かります。

　2つのベクトルの和を$\vec{a} + \vec{b}$と考えてもよいということです。

矢印の開始位置を合わせると、
加えたり引いたりできます。

　当然ですが、$|\vec{a}|$は、蒲田駅から多摩川駅の大きさ、すなわち距離を表します。ただし、運賃は東急線を使った方が80円高いですが…(汗)

運賃も、ベクトルの計算結果
を反映してほしいなあ…

　さて、和を求めるとき、乗り換える**点(駅)がくっついている**ことが重要です。駅と駅が離れていては、乗り換えは大変ですね。乗り換えはできない、和は求められません。

　ベクトルの和は、蒲田駅から横浜駅へという図形として考えることが多くありますが、数値として考えて計算してみることができます。

点$\mathrm{A}(x_1, y_1)$と点$\mathrm{B}(x_2, y_2)$を結んでできる$\overrightarrow{AB}$を考えてみます。

さて、右の図で、この $\overrightarrow{AB}$ と等しい始点が原点である $\overrightarrow{OP}$ を考えます。

$\overrightarrow{AB}$ を原点Oに持ってきたのが $\overrightarrow{OP}$！

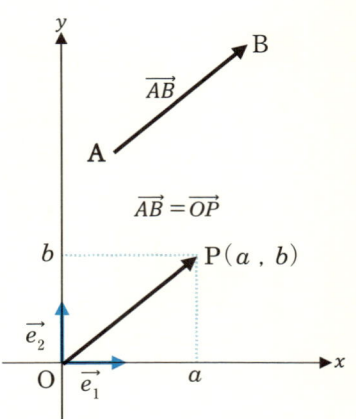

$\overrightarrow{AB} = \overrightarrow{OP}$

また、x 軸と y 軸に平行な単位ベクトル $\overrightarrow{e_1}$, $\overrightarrow{e_2}$ を用いて、$\overrightarrow{OP}$ を分解してみます。

$$\overrightarrow{OP} = a\overrightarrow{e_1} + b\overrightarrow{e_2}$$

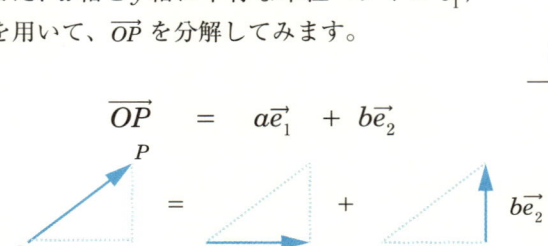

単位ベクトルとは、大きさが"1"のベクトルでしたね。

と書けますね。（右上の図参照）
この (a, b) の組をベクトルの成分といいます。

あれ？この (a, b) は、点Pの座標じゃない？

そうその通りです！！
そこで、$\overrightarrow{OP}$ をこの成分を用いて
$\overrightarrow{OP} = (a, b)$ と書き、ベクトルの成分表示といいます。

座標で成分を示すことができるんですね。

お菓子の成分表示より、ずっとシンプルね…

もともと、$\overrightarrow{OP}$ は $\overrightarrow{AB}$ と等しいベクトルでしたので、

$$\overrightarrow{OP} = \overrightarrow{AB} = (a , b)$$

と書くことができますね。

2つのベクトル $\vec{a} = (a_1 , a_2)$, $\vec{b} = (b_1 , b_2)$で、

$$\vec{a} = \vec{b} \Longleftrightarrow a_1 = b_1 \text{ かつ } a_2 = b_2$$

であることは明らかです。

同じベクトルなら、成分も一緒！

また、$\vec{a} = (a_1 , a_2)$の大きさ$|\vec{a}|$は、三平方の定理から

$|\vec{a}| = \sqrt{a_1{}^2 + a_2{}^2}$ で求めることができます。

ベクトルが成分表示されていることで、本来のベクトルの「向き」と「大きさ」といった表現やいろいろな計算が簡単にできるようになります。

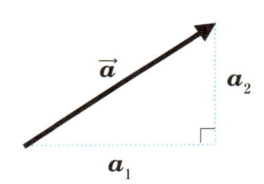

$\vec{a} = (3 , 2)$であれば、右のようなベクトルだし、

その大きさは、

$$|\vec{a}| = \sqrt{3^2 + 2^2} = \sqrt{9+4} = \sqrt{13}$$

と求められます。

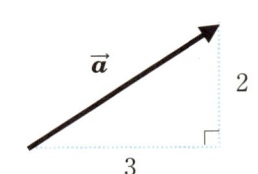

	D 🥕	N 🥕
仕入れ数	30	15

　ある青果店で、大根と人参の仕入れ数が上のようであったとしたら、
これも、ベクトルの成分表示と同じように、(30，15)と表せましたね。
次にベクトルの和を成分で考えてみましょう。

　例えば、点Aを$(4，1)$、点Bを$(2，3)$とします。これを図に書いて $\overrightarrow{OA}$，$\overrightarrow{OB}$ を考
えます。

$$\overrightarrow{OA} = (4，1) \qquad \overrightarrow{OB} = (2，3)$$

ですね。
ここで、$\overrightarrow{OA} + \overrightarrow{OB}$ を考えると、
図の青矢線で書かれたベクトルになります。
これを $\overrightarrow{OP}$ としましょう。

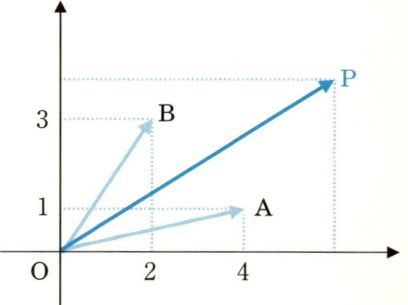

ベクトルは平行移動しても同じベクトルですから、
蒲田駅→横浜駅のように、乗り換えができるように $\overrightarrow{OB}$ を平行移動しましょう。
右の図のように
$\overrightarrow{OB}$ の始点を $\overrightarrow{OA}$ の終点Aに付け、
乗り換えができるようにしました。

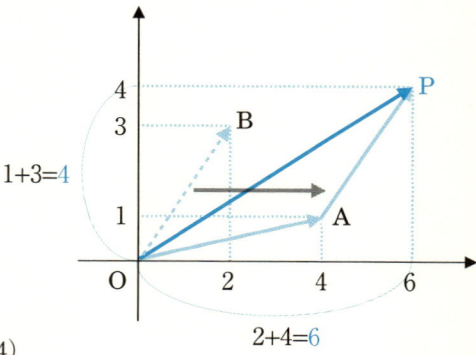

この $\overrightarrow{OP}$ の成分を考えると…

$$\overrightarrow{OP} = (2+4，1+3) = (6，4)$$

となることが分かります。

ベクトルは、成分どうしを足し算できるのね。

先の例で、ある青果店Aと青果店Bの大根（D）とにんじん（N）2つの店舗の仕入れ数を合計するとしたとき、ベクトルで表現すると、

A店	D 	N
仕入れ数	30	15

$(30 , 15)$

B店	D	N
仕入れ数	45	20

$(45 , 20)$ですね。

合計すると、

$$(30 , 15) + (45 , 20) = (30+45 , 15+20) = (75 , 35)$$

シンプルな計算ですね。

おお！野菜の数の計算にも、ベクトルの成分の計算が応用できるのかー

このことから、

$\vec{a} = (a_1 , a_2)$, $\vec{b} = (b_1 , b_2)$で、

$\vec{a} + \vec{b} = (a_1+b_1 , a_2+b_2)$ と計算できることがわかります。また、

$\vec{a} - \vec{b} = (a_1-b_1 , a_2-b_2)$ も $\vec{a} - \vec{b} = \vec{a} + (-\vec{b})$から明らかです。

ベクトルは足し算と引き算ができるのね。

実数倍は、

$\overrightarrow{OA} = \vec{a} = (3 , 2)$ とし、

$2\vec{a}$ は、その大きさが2倍になったベクトルと考えます。

　したがって、下図のような $\overrightarrow{OP}$ のことです。

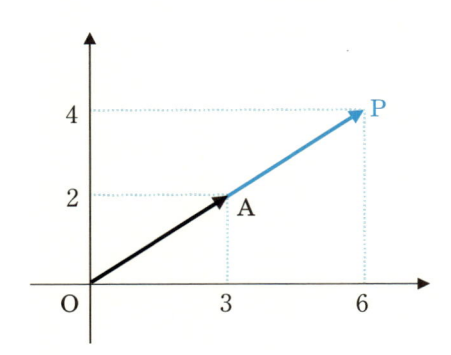

$\overrightarrow{OP} = (6 , 4)$ になります。　$\boldsymbol{k\vec{a} = (ka_1 , ka_2)}$ と計算できることを示しています。

ベクトルは、実数倍できちゃうのかー

向きは同じで大きさだけ実数倍されるんだね。

 ちょっと一息

「行列は何の役に立つの?」

さて、行列はいったい何に役立っているのでしょうか。
まず、画像の加工(コンピュータ・グラフィック)そのものが線形変換です。

> PCでの3Dグラフィック制作に興味があります。
> 一体、画像の加工に行列がどう役立っているん
> ですか…?

> 第2部のChapter13 Section2などで詳しくお話します。

また、Googleの検索機能やAmazonのおすすめ商品、NET FLIXのおすすめ動画機能などに用いられるレコメンダ・システムの開発には、線形代数における疎行列やベクトルの内積、ノルム、行列の分解などが使われています。さらに、統計学や量子力学などなど多くの場面に線形代数が使われています。

> 将来、起業してECサイトで自分で作った商品を販売
> したいんですよね。まさか、自分の夢にも線形代数が
> 関わってくるとは…

次のChapterでは、行列の計算ルールを説明しましょう。

Chapter 2

行列の
計算ルール

> 行列は、足し算
> 引き算やかけ算
> もできます。

Section 1 行列の和と実数倍・零行列と単位行列 ‥‥‥‥‥‥

　さて、矢線ベクトルは2つの量から考えましたが、3つ以上の量（成分）で考えなくてはならない時も当然出てきます。

　行列はアルファベットの大文字を用います。さらに成分の数値の意味を具体的に考えない抽象的な行列は次のように表されます。

$$A = \begin{pmatrix} a_{11} & a_{12} & a_{13} \\ a_{21} & a_{22} & a_{23} \\ a_{31} & a_{32} & a_{33} \end{pmatrix}$$

ここが **+α**

i 行 j 列の行列（上の例は3行3列の行列）の成分を a_{ij} と表します。

i 行 j 列の行列のことを"行列のサイズ"と言います。

11ページの※では、$a_{11}=30$, $a_{32}=13$ ですね。

2行3列行列ですから、a_{41} , a_{35} などはありません。

また、全ての成分が等しい時、行列は等しく $A=B$ などと等号で結ぶことができます。

$$\begin{pmatrix} 2 & 5 \\ 4 & -3 \end{pmatrix} = \begin{pmatrix} x & y \\ z & t \end{pmatrix} \quad$$ でしたら、$x=2$, $y=5$, $z=4$, $t=-3$ です。

さて、行列の計算の基礎、加法です。

青果店Aのある月の大根（D）、人参（N）、トマト（T）の仕入れ数とその売り上げ数が次のようでした。

支店A	D	N	T
仕入れ数	30	15	45
売り上げ数	25	13	42

また、支店であるB店の仕入れ数とその売り上げ数が下のようだったとします。

支店B	D	N	T
仕入れ数	28	30	40
売り上げ数	22	24	36

この店のオーナーが、2店舗の今月の仕入れ数と売り上げ数を合算するとしたら、大根の仕入れが30+28で58、売り上げは25+22で47、人参が…
行列で考えると、

$$\begin{pmatrix} 30 & 15 & 45 \\ 25 & 13 & 42 \end{pmatrix} + \begin{pmatrix} 28 & 30 & 40 \\ 22 & 24 & 36 \end{pmatrix} = \begin{pmatrix} 58 & 45 & 85 \\ 47 & 37 & 78 \end{pmatrix}$$

支店A　　　　　支店B　　　　　青果店の合計

2店舗の合計	D	N	T
仕入れ数	58	45	85
売り上げ数	47	37	78

のように、それぞれの成分を加えることができます。
行列の加法です。ベクトルの和の計算と同じで自然ですね。

Excelの計算みたいだ！

行列の実数倍について、これもベクトルと同じように次のように定義します。

$\begin{pmatrix} a & b \\ c & d \end{pmatrix}$ を k 倍したとしましょう

$$k\begin{pmatrix} a & b \\ c & d \end{pmatrix} = \begin{pmatrix} ka & kb \\ kc & kd \end{pmatrix} \qquad k：実数$$

A店の売り上げ	25	13	42
B店の売り上げ	22	24	36

例えば、A店とB点の今月の売り上げ数が先月より3倍に伸びた！って時に、

A店の売り上げ	25	13	42
B店の売り上げ	22	24	36

× 3

A店の売り上げ	25 × 3	13 × 3	42 × 3
B店の売り上げ	22 × 3	24 × 3	36 × 3

これらより、

A店の売り上げ	75	39	126
B店の売り上げ	66	72	108

$$3\begin{pmatrix} 25 & 13 & 42 \\ 22 & 24 & 36 \end{pmatrix} = \begin{pmatrix} 25\times3 & 13\times3 & 42\times3 \\ 22\times3 & 24\times3 & 36\times3 \end{pmatrix} = \begin{pmatrix} 75 & 39 & 126 \\ 66 & 72 & 108 \end{pmatrix}$$

と計算できます。これは、行列の実数倍ができるということです。
これもベクトルの実数倍と同じ計算方法ですね。

$$A = \begin{pmatrix} a_{11} & a_{12} & a_{13} \\ a_{21} & a_{22} & a_{23} \\ a_{31} & a_{32} & a_{33} \end{pmatrix} \quad \text{であるとき、} k \text{を実数としたら}$$

$$kA = \begin{pmatrix} ka_{11} & ka_{12} & ka_{13} \\ ka_{21} & ka_{22} & ka_{23} \\ ka_{31} & ka_{32} & ka_{33} \end{pmatrix}$$

また、k は実数ですから、負の数であっても成り立ちます。
すなわち、

$$-A = \begin{pmatrix} -a_{11} & -a_{12} & -a_{13} \\ -a_{21} & -a_{22} & -a_{23} \\ -a_{31} & -a_{32} & -a_{33} \end{pmatrix}$$

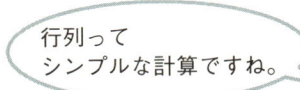

行列って
シンプルな計算ですね。

したがって、差も自然と求められることになります。
ただし、和や差を求めるとき気を付けなけれ
ばならないことがあります。

私にもわかるわ。

和や差の計算ができるのは、**行列A, Bが同じ
サイズ(i 行 j 列)の場合のみ**です。
また、行数と列数が等しい行列を**正方行列**といいます。
まとめておきましょう。
対応する成分を加えることができ、加えてできる行列を和といい、$A+B$ で表します。

$$A + B = \begin{pmatrix} a & b \\ c & d \end{pmatrix} + \begin{pmatrix} p & q \\ r & s \end{pmatrix} = \begin{pmatrix} a+p & b+q \\ c+r & d+s \end{pmatrix}$$

また、その差である $A-B$ も同様に求められ行列の差といい、$A-B$ で表します。

$$A - B = \begin{pmatrix} a & b \\ c & d \end{pmatrix} - \begin{pmatrix} p & q \\ r & s \end{pmatrix} = \begin{pmatrix} a-p & b-q \\ c-r & d-s \end{pmatrix}$$

さて、差(引き算)を考えられるようになると、どうしても決めておかなければならないことがあります。

そう、"0"です。そこで、

$\begin{pmatrix} 0 & 0 \\ 0 & 0 \end{pmatrix}$, $\begin{pmatrix} 0 & 0 & 0 \\ 0 & 0 & 0 \end{pmatrix}$ のように、全ての成分が0である行列を**零行列**とよび、O(アルファベットのOです)で表すこととします。

当然のことですが、$A + O = O + A = A$ですし、$A + (-A) = O$となります。

また、$\begin{pmatrix} 1 & 0 \\ 0 & 1 \end{pmatrix}$ や $\begin{pmatrix} 1 & 0 & 0 \\ 0 & 1 & 0 \\ 0 & 0 & 1 \end{pmatrix}$ のように、正方行列のi行i列の成分がすべて1で、他

の成分がすべて0である行列を**単位行列**と呼びアルファベットの**E**(**またはe**)で表します。実数の**計算の"1"に相当するもの**です。これは、ドイツ語のEinheit(単位)の頭文字からとっています。

"1"に相当するものなら、oneの最後の「e」を取って「E」で表すって覚えようかな。

数学の計算では、"0"と"1"はとても重要で必要不可欠なものですね。

また、行列の加減では、

$A + B = B + A$ (交換法則)

$(A + B) + C = A + (B + C)$ (結合法則) が成り立ちます。

Section 2 行列の乗法（掛け算）

さて、ここが最初の難関、行列の乗法です！

購入枚数	シャツ	パンツ
Aチーム	15	18
Bチーム	10	15

右の表は、あるスポーツチームAとBが購入する予定のシャツとパンツの購入枚数とシャツとパンツの商店XとYそれぞれの価格を別の表に表したものです。

価格表	X商店	Y商店
シャツ	4300	4500
パンツ	3800	3500

AチームがX商店での購入金額の合計を考えたときに、$15 \times 4300 + 18 \times 3800$ で計算されます。その購入枚数を行列で表すと、

$$(15\ 18)$$

また、シャツとパンツの価格を行列で表すと、

$\begin{pmatrix} 4300 \\ 3800 \end{pmatrix}$ ですね。

したがって、購入金額の合計は行列に置き換えると、

$$(15\ 18)\begin{pmatrix} 4300 \\ 3800 \end{pmatrix} = 15 \times 4300 + 18 \times 3800$$ と対応させて計算したと考えます。

BチームがX商店での購入金額の合計は同様に、

$$(10 \quad 15)\begin{pmatrix} 4500 \\ 3500 \end{pmatrix} = 10 \times 4500 + 15 \times 3500$$

一般に、

$$(a \quad b)\begin{pmatrix} p \\ q \end{pmatrix} = ap + bq$$

と定めます。

左の数字と上の数字、右の数字と下の数字が対応するんですね！

また、AチームのX商店での合計とBチームのY商店両チームでの購入金額は、

$$\underbrace{(15 \times 4300 + 18 \times 3800)}_{\substack{\text{AチームのX商店での購入} \\ \text{金額の合計}}} + \underbrace{(10 \times 4500 + 15 \times 3500)}_{\substack{\text{BチームのY商店での購入} \\ \text{金額の合計}}} \quad \text{となります。}$$

さらに、それぞれのチームがX，Y両方の商店で購入した場合も、同様に行列に対応させ購入金額を比較することができます。

$$\begin{pmatrix} 15 & 18 \\ 10 & 15 \end{pmatrix}\begin{pmatrix} 4300 & 4500 \\ 3800 & 3500 \end{pmatrix} \quad \text{と考えれば、}$$

$$\begin{pmatrix} 15 & 18 \\ 10 & 15 \end{pmatrix}\begin{pmatrix} 4300 & 4500 \\ 3800 & 3500 \end{pmatrix}$$

$$= \begin{pmatrix} 15 \times 4300 + 18 \times 3800 & 15 \times 4500 + 18 \times 3500 \\ 10 \times 4300 + 15 \times 3800 & 10 \times 4500 + 15 \times 3500 \end{pmatrix} = \begin{pmatrix} 132900 & 130500 \\ 100000 & 97500 \end{pmatrix}$$

$$= \begin{pmatrix} \text{Aチーム\&X商店} & \text{Aチーム\&Y商店} \\ \text{Bチーム\&X商店} & \text{Bチーム\&Y商店} \end{pmatrix}$$

と行列で表現することができます。

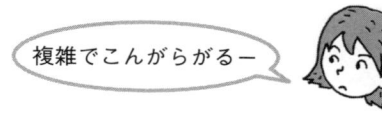

複雑でこんがらがるー

下の図のように、イメージして計算の仕方を考えると良いと思います。

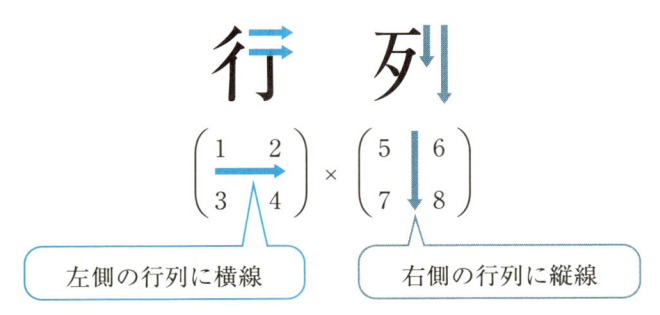

始めに「行」・「列」の方向で線を引いておきます。

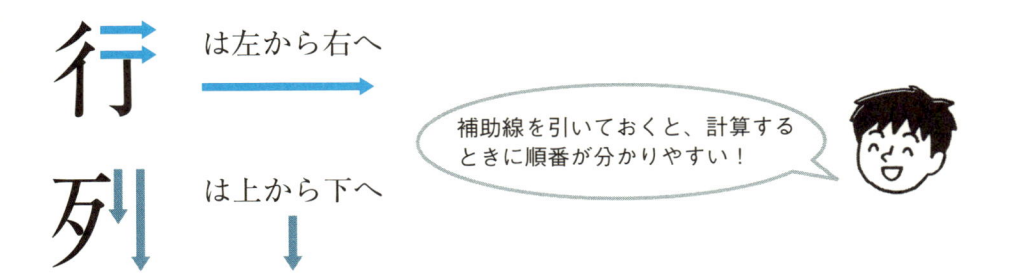

以上のことから、2行2列どうしの行列の積は次のように定めておきましょう。

行列の積

$$\begin{pmatrix} a & b \\ c & d \end{pmatrix}\begin{pmatrix} p & q \\ r & s \end{pmatrix}=\begin{pmatrix} ap+br & aq+bs \\ cp+dr & cq+ds \end{pmatrix}$$

行列の積では掛けることができるものとできないものがありますので、注意が必要です。

▶**注意！** 行列の積 AB で、（**A の列数**）＝（**B の行数**）でなければ、掛け算はできません。

$$A = \begin{pmatrix} 4 & 3 & 2 \\ -2 & 5 & 3 \end{pmatrix}、B = \begin{pmatrix} 3 & 1 & 4 \\ 0 & 1 & -2 \\ 4 & 3 & 4 \end{pmatrix}$$

また、その積の結果は**行列Aと同じ行数、行列Bと同じ列数**となります。

上の行列の場合は、積の結果は2行3列の行列になるのかー

例えば、行列A，Bが次のようだったとします。Aの列数は3、Bの行数は2で一致していません。

$$A = \begin{pmatrix} 4 & 3 & 2 \\ -2 & 5 & 3 \end{pmatrix}、B = \begin{pmatrix} 2 \\ -3 \end{pmatrix}$$ この掛け算はできません。

ただし、

$$A = \begin{pmatrix} 4 & 3 & 2 \\ -2 & 5 & 3 \end{pmatrix}、B = \begin{pmatrix} 3 & 1 & 4 \\ 0 & 1 & -2 \\ 4 & 3 & 4 \end{pmatrix}$$ ならば掛けることができます。

実際に計算してみましょう。

$$AB = \begin{pmatrix} 4 & 3 & 2 \\ -2 & 5 & 3 \end{pmatrix}\begin{pmatrix} 3 & 1 & 4 \\ 0 & 1 & -2 \\ 4 & 3 & 4 \end{pmatrix}$$

$$= \begin{pmatrix} 4\times 3 + 3\times 0 + 2\times 4 & 4\times 1 + 3\times 1 + 2\times 3 & 4\times 4 + 3\times(-2) + 2\times 4 \\ -2\times 3 + 5\times 0 + 3\times 4 & -2\times 1 + 5\times 1 + 3\times 3 & -2\times 4 + 5\times(-2) + 3\times 4 \end{pmatrix}$$

$$= \begin{pmatrix} 12+0+8 & 4+3+6 & 16-6+8 \\ -6+0+12 & -2+5+9 & -8-10+12 \end{pmatrix} = \begin{pmatrix} 20 & 13 & 18 \\ 6 & 12 & -6 \end{pmatrix}$$

と計算できます。行列Aが2行、行列Bが3列でしたから、結果は2行3列行列になっていますね。

いやぁ〜、かなり複雑で厳しい

といった声も聞こえてきそうです。

行列初心者にとって初めての壁とも言えます。覚えるより、とにかく慣れることです。しかし、これができないと次のミッションに進めないので頑張って練習してください。

【 **Questions ①** 】次の行列の積を計算しましょう。（解答は178ページ）

(1) $\begin{pmatrix} -1 & 2 \\ 3 & 1 \end{pmatrix}\begin{pmatrix} 2 & 0 \\ 1 & 3 \end{pmatrix}$　　　　(2) $\begin{pmatrix} 1 & 3 \\ -2 & 4 \end{pmatrix}\begin{pmatrix} -2 & 3 \\ 1 & -4 \end{pmatrix}$

$$= \begin{pmatrix} -1\times2+2\times1 & -1\times0+2\times3 \\ 3\times2+1\times1 & 3\times0+1\times3 \end{pmatrix}$$

(3) $\begin{pmatrix} 2 & 1 \\ 5 & 4 \end{pmatrix}\begin{pmatrix} 1 \\ 3 \end{pmatrix}$　　　　(4) $\begin{pmatrix} 1 & 3 & -2 \\ 0 & 1 & 2 \end{pmatrix}\begin{pmatrix} 1 & 1 \\ 3 & -1 \\ 2 & 3 \end{pmatrix}$

行列の積を計算するとき、最も気を付けなければいけないことがあります。それは、AB と BA は違った結果（偶然同じ結果になる時もありますが）となってしまうことです。

$$AB \neq BA$$

なのです。普通、乗法は順番を入れ替えて掛けても同じ結果になりますが、行列の乗法では違う結果となってしまうということです。

$A=\begin{pmatrix} 0 & 3 \\ 1 & 2 \end{pmatrix}$, $B=\begin{pmatrix} -1 & 4 \\ 3 & 2 \end{pmatrix}$　のとき、

AB と BA を計算してみよう。

$$AB = \begin{pmatrix} 0 & 3 \\ 1 & 2 \end{pmatrix}\begin{pmatrix} -1 & 4 \\ 3 & 2 \end{pmatrix} = \begin{pmatrix} 0+9 & 0+6 \\ -1+6 & 4+4 \end{pmatrix} = \begin{pmatrix} 9 & 6 \\ 5 & 8 \end{pmatrix}$$

$$BA = \begin{pmatrix} -1 & 4 \\ 3 & 2 \end{pmatrix}\begin{pmatrix} 0 & 3 \\ 1 & 2 \end{pmatrix} = \begin{pmatrix} 0+4 & -3+8 \\ 0+2 & 9+4 \end{pmatrix} = \begin{pmatrix} 4 & 5 \\ 2 & 13 \end{pmatrix}$$

いかがですか。気を付けてくださいね。

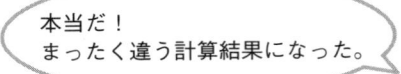
本当だ！
まったく違う計算結果になった。

Section 3　逆行列 ·······························

　さて、和や差を計算した時に“0”の考えが必要になりました。掛け算を考えるときには“1”の発想が必要になります。掛けると“1”となる行列を求められるようになると、行列の計算がぐっとグレードアップしいろいろなことができるようになります。実数の計算では、その**逆数**を掛けると“1”となります。

$$a \neq 0 \quad \text{のとき、} a \cdot \frac{1}{a} = 1$$

ここが **+α**

ですね。

　同じように、行列でも掛けることによって単位行列 E（26ページ）、すなわち“1”に相当する行列になるものを**逆行列**と呼び、A^{-1}（エーインバース）で表すことにしましょう。

Inverse（インバース）は、英語で「逆の」という意味です。

インバースを表すときには文字の右上に−1を付けるのね。

$$A \cdot A^{-1} = A^{-1} \cdot A = E$$

です。これは、どちらから掛けても同じ結果となります。

逆行列が存在する行列 A を**正則行列**と呼びます。

「正則」、規則が正しいとでも覚えてくださいね。

さて、逆行列の作り方です。2行2列 $A = \begin{pmatrix} a & b \\ c & d \end{pmatrix}$ のとき、

$$A^{-1} = \frac{1}{ad-bc} \begin{pmatrix} d & -b \\ -c & a \end{pmatrix}$$

で求めることができます。

ちなみに、$ad-bc=0$ のときは A には逆行列は存在しません。

$A = \begin{pmatrix} 0 & 3 \\ 1 & 2 \end{pmatrix}$ のとき、

$$A^{-1} = \frac{1}{0 \times 2 - 3 \times 1} \begin{pmatrix} 2 & -3 \\ -1 & 0 \end{pmatrix} = \frac{1}{-3} \begin{pmatrix} 2 & -3 \\ -1 & 0 \end{pmatrix} = \begin{pmatrix} -\dfrac{2}{3} & 1 \\ \dfrac{1}{3} & 0 \end{pmatrix}$$ です。

 $ad-bc=-3$ だから、逆行列を作ることができたわ。

確認してみましょう。

$$\begin{pmatrix} 0 & 3 \\ 1 & 2 \end{pmatrix}\begin{pmatrix} -\dfrac{2}{3} & 1 \\ \dfrac{1}{3} & 0 \end{pmatrix} = \begin{pmatrix} 0\times\left(-\dfrac{2}{3}\right)+3\times\dfrac{1}{3} & 0\times 1+3\times 0 \\ 1\times\left(-\dfrac{2}{3}\right)+2\times\dfrac{1}{3} & 1\times 1+2\times 0 \end{pmatrix} = \begin{pmatrix} 1 & 0 \\ 0 & 1 \end{pmatrix}$$

逆行列になっていましたね。

元の行列に逆行列を掛けた計算結果が、"1"に相当する単位行列 $\begin{pmatrix} 1 & 0 \\ 0 & 1 \end{pmatrix}$ になった。

　行列の計算での割り算(除法)はありません。この逆行列(実数での逆数)を掛けるという考えです。そもそも、引き算はマイナスの数を加えることですから、加法ですね。
それと同じ考え方です。

【 **Questions ②** 】

$B=\begin{pmatrix} -1 & 4 \\ 3 & 2 \end{pmatrix}$ のとき、B^{-1} を求めてみよう。また、逆行列になっているかを確認してみましょう。(解答は179ページ)

　この逆行列を求められるということは、次のChapter 3「連立方程式を解く」ためにとても重要な計算ですので、マスターしてくださいね。

　そもそも行列は連立方程式を効率的に解く手段として発明されたものといっても過言ではありません。次のChapterでは、行列を使った連立方程式の解法を2つご説明しましょう。

　行列の計算が初めて具体的に役立ちます。

「線形代数って、難しい」っていう先入観があったけど。
ベクトルや行列の応用なんですね。
これなら、僕でもマスターできるかも！

（おや、線形代数に対して前向きになってくれたみたいですね。）
それでは次は、掃き出し法を使った連立方程式の解き方を見ていきましょう。

…!?　何でしたっけ「はきだしほう」って
急に難しくなってきそう！

大丈夫ですよ。次のような連立方程式を中学生のころに
解きませんでしたか？

$$\begin{cases} 2x - 3y = 5 & \cdots ① \\ 3x + 5y = -2 & \cdots ② \end{cases}$$

①$\times 5 +$②$\times 3$　と計算して

$$10x - 15y = 25$$
$$\underline{-)\quad 9x + 15y = -6}$$
$$19x \qquad = 19$$
$$\therefore x \qquad = 1$$

①に代入して

$$2 - 3y = 5 \quad よって \quad y = -1$$

$x = 1,\ y = -1$と求められました。

勉強しました！
未知数をひとつ消去することで、
方程式が解けました。

そうそう、これが掃き出し法です。
実は行列でも、同じ方法が使えるんですよ。
では、見ていきましょう。

Chapter 3

連立方程式を解く

> パズル的な計算が
> 出てきます。
> 楽しみながら
> 解いていきましょう。

Section 1 掃き出し法・行基本操作

掃き出し法（消去法ともいう）－ 中学校で学習した方法

　まずは下のような連立方程式を解きましょう。

と言われたら、どのような手順で解いていきますか？

$$\begin{cases} 3x + 2y = 12 \cdots ① \\ 5x + 3y = 19 \cdots ② \end{cases}$$

①×3－②×2　ここで、②×2－①×3と引く順番を入れ替えても（下の右側）良い
ですね。

$$\begin{array}{r} 9x + 6y = 36 \\ -)\ 10x + 6y = 38 \\ \hline -x\qquad = -2 \end{array} \qquad \begin{array}{r} 10x + 6y = 38 \\ -)\ 9x + 6y = 36 \\ \hline x\qquad = 2 \end{array}$$

引く順番を入れ替えると、（－）の処理をしなくても良いので計算が少し楽です。
よって、 $x = 2$　これを①にでも代入して、$y = 3$
これを消去法といいました。初めに、yを消去して、
xから求めました。

> これはできるわ。

　さて、行列を用いて上の連立方程式を表現してみましょう。

$$\begin{pmatrix} 3 & 2 \\ 5 & 3 \end{pmatrix}\begin{pmatrix} x \\ y \end{pmatrix} = \begin{pmatrix} 12 \\ 19 \end{pmatrix} \quad と書くことができます。$$

前の Chapter でやった2つの行列の積で表現できました。
一応、確認してみます。左辺をかけて

$$\begin{pmatrix} 3x+2y \\ 5x+3y \end{pmatrix} = \begin{pmatrix} 12 \\ 19 \end{pmatrix} \quad より両辺の成分を比較して、$$

$$\begin{cases} 3x+2y=12 \\ 5x+3y=19 \quad 確認できました。 \end{cases}$$

同じ連立方程式だ！

さて、青字にした部分を**係数行列**といいます。

$$\begin{pmatrix} 3 & 2 \\ 5 & 3 \end{pmatrix}\begin{pmatrix} x \\ y \end{pmatrix} = \begin{pmatrix} 12 \\ 19 \end{pmatrix}$$

これが
係数行列

係数だけが、左側のかっこに
移動してる。

　連立方程式の係数だけをまとめたものです。
そして、この係数行列に右辺の定数項を追加してまとめたものを
拡大係数行列と言います。

$$\begin{pmatrix} 3 & 2 & 12 \\ 5 & 3 & 19 \end{pmatrix}$$

これは
拡大係数行列

数だけ並べているのね

そして、ここから変形し目指すは次のような行列です。

$$\begin{pmatrix} 1 & 0 & a \\ 0 & 1 & b \end{pmatrix} \quad \cdots※$$

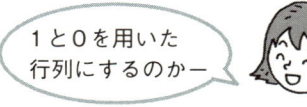

1と0を用いた行列にするのかー

この拡大係数行列を元に戻すと、

$$\begin{pmatrix} 1 & 0 \\ 0 & 1 \end{pmatrix}\begin{pmatrix} x \\ y \end{pmatrix} = \begin{pmatrix} a \\ b \end{pmatrix}$$

ん？何か見覚えのある行列が出てきた。

そうです！

左辺の$\begin{pmatrix} 1 & 0 \\ 0 & 1 \end{pmatrix}$は単位行列ですから、$\begin{pmatrix} x \\ y \end{pmatrix}$に掛けても$\begin{pmatrix} x \\ y \end{pmatrix}$は変わりません。したがって、

$$\begin{pmatrix} x \\ y \end{pmatrix} = \begin{pmatrix} a \\ b \end{pmatrix}$$

右辺の$\begin{pmatrix} a \\ b \end{pmatrix}$が連立方程式の解となっているのです。

画期的な計算方法だね！

　ではどのように※の式に変形していけば良いのでしょうか。

行列では、拡大係数行列に対して、**行基本操作**　と言われる3つの操作ができることになっています。

行基本操作

操作1 ある行を何倍かできる

操作2 何倍かした行を他の行に加えることができる

操作3 ある2つの行を入れ替えることができる

ここが ＋α

へぇー　行列の行の数字を実数倍したり加えたり、入れ替えたりできるんだね。

いかがですか？先程の中学生のとき、解いた方法を思い出してください。はじめに解いた連立方程式ですが、①を3倍しました、②は2倍しました。これは行基本操作の 操作1 です。

　次に、それを加えましたね。 操作2 です。引く順番を入れ替えても同じ結果になりましたね。これは 操作3 です。すでに、これらの『行基本操作』を中学校の時からしていたのです。

　さて、行基本操作を何回か続けていくと行を下がるほど左側にある"0"の個数が多くなってきます。

　このような行列を**階段行列**といいます。

$$\begin{pmatrix} 2 & 1 & 4 \\ 0 & 3 & 2 \end{pmatrix}、\begin{pmatrix} 1 & 3 & 4 \\ 0 & 0 & 1 \\ 0 & 0 & 0 \end{pmatrix}$$ のような行列です。

青字で書いた数0が、階段のようになっているのが分かりますか？

階段行列の例

$$\bigcirc \qquad\qquad \times$$

$$\begin{pmatrix} 1 & 2 & 3 & 4 \\ 0 & 1 & 2 & 3 \\ 0 & 0 & 0 & 0 \end{pmatrix} \qquad \begin{pmatrix} 0 & 2 & 3 & 4 \\ 2 & 1 & 2 & 3 \\ 0 & 0 & 0 & 0 \end{pmatrix}$$

$$\begin{pmatrix} 1 & 2 & 3 & -1 & 4 \\ 0 & 1 & 9 & 7 & -1 \\ 0 & 0 & 0 & 49 & -10 \\ 0 & 0 & 0 & 0 & 0 \end{pmatrix} \qquad \begin{pmatrix} 1 & 2 & 3 & -1 & 4 \\ 0 & 1 & 9 & 7 & -1 \\ 0 & 3 & 56 & 49 & -10 \\ 0 & 0 & 0 & 0 & 0 \end{pmatrix}$$

　左に階段行列の例を挙げてみました。"0"が階段のようになっていますね。

　右側は、階段行列ではありません。上は階段となっていませんし、下の行列は一挙に2段落ちしています。そう、階段を降りるときには1段ずつしか降りられないと

いうことです。

もちろん、単位行列である $\begin{pmatrix} 1 & 0 \\ 0 & 1 \end{pmatrix}$ や $\begin{pmatrix} 1 & 0 & 0 \\ 0 & 1 & 0 \\ 0 & 0 & 1 \end{pmatrix}$ は、代表的な階段行列です。

それでは、もう一度連立方程式を行列で解いてみましょう。

$$\begin{cases} 3x + 2y = 12 \\ 5x + 3y = 19 \end{cases}$$

行列で表現すると、$\begin{pmatrix} 3 & 2 \\ 5 & 3 \end{pmatrix}\begin{pmatrix} x \\ y \end{pmatrix} = \begin{pmatrix} 12 \\ 19 \end{pmatrix}$

拡大係数行列で表現すると、$\begin{pmatrix} 3 & 2 & 12 \\ 5 & 3 & 19 \end{pmatrix}$

左辺の括弧を拡大して、右辺の定数項を追加してまとめたよ。

でしたね。

もう一度、次ページに行基本操作を載せておきましょう。

連立方程式も行列で表すとシンプルね。

行基本操作

操作1 ある行を何倍かできる

操作2 何倍かした行を他の行に加えることができる

操作3 ある2つの行を入れ替えることができる

そして、目指すは $\begin{pmatrix} 1 & 0 & a \\ 0 & 1 & b \end{pmatrix}$ です。

まず、1番左の列ベクトルを $\begin{pmatrix} 1 \\ 0 \end{pmatrix}$ にしましょう。

1行目を2倍して

$$\begin{pmatrix} 3 & 2 & 12 \\ 5 & 3 & 19 \end{pmatrix} = \begin{pmatrix} 6 & 4 & 24 \\ 5 & 3 & 19 \end{pmatrix}$$

操作1「ある行を何倍かできる」

1行目 $+2$行目 $\times(-1)$ を計算します。

$$\begin{pmatrix} 6+(-5) & 4+(-3) & 24+(-19) \\ 5 & 3 & 19 \end{pmatrix} = \begin{pmatrix} 1 & 1 & 5 \\ 5 & 3 & 19 \end{pmatrix}$$

操作2「何倍かした行を他の行に加えることができる」

次に、1行目 $\times(-5)$ を2行目に加えます。

$$\begin{pmatrix} 1 & 1 & 5 \\ 5+(-5) & 3+(-5) & 19+(-25) \end{pmatrix} = \begin{pmatrix} 1 & 1 & 5 \\ 0 & -2 & -6 \end{pmatrix}$$

ここでまた操作1
「ある行を…」って、列は操作しちゃ駄目なんですか？

「行」基本操作ですから列は操作しません…

1番左の列ベクトルが $\begin{pmatrix} 1 \\ 0 \end{pmatrix}$ になりました。

2行目 $\times \dfrac{1}{2}$ で、$\begin{pmatrix} 1 & 1 & 5 \\ 0 & -1 & -3 \end{pmatrix}$

1行目と2行目を加えて、$\begin{pmatrix} 1+0 & 1+(-1) & 5+(-3) \\ 0 & -1 & -3 \end{pmatrix} = \begin{pmatrix} 1 & 0 & 2 \\ 0 & -1 & -3 \end{pmatrix}$

最後に、2行目に (-1) を掛けて、

$$\begin{pmatrix} 1 & 0 & 2 \\ 0 & 1 & 3 \end{pmatrix}$$

この連立方程式の解は、

$$\begin{pmatrix} 1 & 0 \\ 0 & 1 \end{pmatrix} \begin{pmatrix} x \\ y \end{pmatrix} = \begin{pmatrix} 2 \\ 3 \end{pmatrix}$$

$$\begin{pmatrix} x \\ y \end{pmatrix} = \begin{pmatrix} 2 \\ 3 \end{pmatrix}$$

すごい！

$x=2$, $y=3$ と求められました。

少し難しくしてみます。

$$\begin{cases} 2x + y - z = 0 \\ x - 2y + 2z = 10 \\ 3x - y - 2z = 1 \end{cases}$$

ここが **+α**

うわー、z も加わった！
これ、どうやって解くんだっけ…

行基本操作で少しずつ解いていけます。
さあ、計算してみましょう！

行列で表現すると、

$$\begin{pmatrix} 2 & 1 & -1 \\ 1 & -2 & 2 \\ 3 & -1 & -2 \end{pmatrix} \begin{pmatrix} x \\ y \\ z \end{pmatrix} = \begin{pmatrix} 0 \\ 10 \\ 1 \end{pmatrix}$$

さらに、拡大係数行列で表すと、

$$\left(\begin{array}{cccc} 2 & 1 & -1 & 0 \\ 1 & -2 & 2 & 10 \\ 3 & -1 & -2 & 1 \end{array} \right)$$

目指すは、

$$\left(\begin{array}{cccc} 1 & 0 & 0 & a \\ 0 & 1 & 0 & b \\ 0 & 0 & 1 & c \end{array} \right)$$ です。

同じように、まず1番左の列ベクトル(網掛け部分)を $\begin{pmatrix} 1 \\ 0 \\ 0 \end{pmatrix}$ にしましょう。

1行目に2行目 × (−1)を加えます。

$$\left(\begin{array}{cccc} 2+(-1) & 1+2 & -1+(-2) & 0+(-10) \\ 1 & -2 & 2 & 10 \\ 3 & -1 & -2 & 1 \end{array} \right) = \left(\begin{array}{cccc} 1 & 3 & -3 & -10 \\ 1 & -2 & 2 & 10 \\ 3 & -1 & -2 & 1 \end{array} \right)$$

1行目 × (−1)を2行目に加えます。

$$\left(\begin{array}{cccc} 1 & 3 & -3 & -10 \\ 1+(-1) & -2+(-3) & 2+3 & 10+10 \\ 3 & -1 & -2 & 1 \end{array} \right) = \left(\begin{array}{cccc} 1 & 3 & -3 & -10 \\ 0 & -5 & 5 & 20 \\ 3 & -1 & -2 & 1 \end{array} \right)$$

1行目 × (−3)を3行目に加えます。

$$\begin{pmatrix} 1 & 3 & -3 & -10 \\ 0 & -5 & 5 & 20 \\ 3+(-3) & -1+(-9) & -2+9 & 1+30 \end{pmatrix} = \begin{pmatrix} 1 & 3 & -3 & -10 \\ 0 & -5 & 5 & 20 \\ 0 & -10 & 7 & 31 \end{pmatrix}$$

これで、1列目は完成です。

次に、2行目 $\times \left(-\dfrac{1}{5}\right)$ としておいて、

$$\begin{pmatrix} 1 & 3 & -3 & -10 \\ 0 & 1 & -1 & -4 \\ 0 & -10 & 7 & 31 \end{pmatrix}$$

そうか、分数をかけてもいいんだね。

2行目 $\times (-3)$ を1行目に加えます。

$$\begin{pmatrix} 1+0 & 3+(-3) & -3+3 & -10+12 \\ 0 & 1 & -1 & -4 \\ 0 & -10 & 7 & 31 \end{pmatrix} = \begin{pmatrix} 1 & 0 & 0 & 2 \\ 0 & 1 & -1 & -4 \\ 0 & -10 & 7 & 31 \end{pmatrix}$$

2行目 $\times 10$ を3行目に加えて、

$$\begin{pmatrix} 1 & 0 & 0 & 2 \\ 0 & 1 & -1 & -4 \\ 0 & -10 & 7 & 31 \end{pmatrix} = \begin{pmatrix} 1 & 0 & 0 & 2 \\ 0 & 1 & -1 & -4 \\ 0 & -10+10 & 7-10 & 31-40 \end{pmatrix} = \begin{pmatrix} 1 & 0 & 0 & 2 \\ 0 & 1 & -1 & -4 \\ 0 & 0 & -3 & -9 \end{pmatrix}$$

2列目完成です。

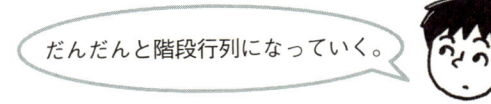

だんだんと階段行列になっていく。

3行目 $\times \left(-\dfrac{1}{3}\right)$ を2行目に加えて、

$$\begin{pmatrix} 1 & 0 & 0 & 2 \\ 0 & 1 & -1 & -4 \\ 0 & 0 & -3 & -9 \end{pmatrix} = \begin{pmatrix} 1 & 0 & 0 & 2 \\ 0 & 1+0 & -1+1 & -4+3 \\ 0 & 0 & -3 & -9 \end{pmatrix}$$

$$= \begin{pmatrix} 1 & 0 & 0 & 2 \\ 0 & 1 & 0 & -1 \\ 0 & 0 & -3 & -9 \end{pmatrix}$$

最後に、3行目 $\times \left(-\dfrac{1}{3}\right)$

$$\begin{pmatrix} 1 & 0 & 0 & 2 \\ 0 & 1 & 0 & -1 \\ 0 & 0 & -3\times\left(-\dfrac{1}{3}\right) & -9\times\left(-\dfrac{1}{3}\right) \end{pmatrix}$$

$$=\begin{pmatrix} 1 & 0 & 0 & 2 \\ 0 & 1 & 0 & -1 \\ 0 & 0 & 1 & 3 \end{pmatrix}$$

解けたー!

$x=2$, $y=-1$, $z=3$　と解が得られました。

この方法を掃き出し法と言います。

計算間違いをしないためには、暗算は極力避け、本書のように面倒でも書き込むことです。

慣れないうちは大変かと思いますが、パズルを解く気持ちや知恵の輪を解くように楽しむことです。頑張ってください。

【 **Questions ③**】次の連立方程式を行列の掃き出し法を用いて解いてみましょう。

（答えは179，180ページ）

(1) $\begin{cases} 2x+5y=-11 \\ 3x+4y=-6 \end{cases}$

(2) $\begin{cases} x+\ y+\ z=9 \\ 2x+3y-2z=5 \\ 3x-\ y+\ z=7 \end{cases}$

行基本操作、楽しいかも！

もうちょい時短で解けると、
なお嬉しいんだけど…

さて、もう一つ別の解き方を、紹介しましょう。

$$\begin{cases} ax+by=p \\ cx+dy=q \end{cases}$$

は、行列を用いて

別の解き方が簡単だといいなぁ。

$$\begin{pmatrix} a & b \\ c & d \end{pmatrix}\begin{pmatrix} x \\ y \end{pmatrix}=\begin{pmatrix} p \\ q \end{pmatrix}$$

と表せますね。

今、$A=\begin{pmatrix} a & b \\ c & d \end{pmatrix}$, $X=\begin{pmatrix} x \\ y \end{pmatrix}$, $P=\begin{pmatrix} p \\ q \end{pmatrix}$ とすると、

$AX=P$ と書くことができ、**A の逆行列 A^{-1} が存在するとき**、すなわち行列 A が正則行列のとき、

$$AX=P$$
$$A^{-1}AX=A^{-1}P、ここで$$
$$A^{-1}A=E \quad ですから、$$

$$EX=A^{-1}P$$

E は単位行列ですから、$EX=X$

よって、$X=A^{-1}P$ $\quad X=\begin{pmatrix} x \\ y \end{pmatrix}$ を求めることができます。

逆行列の考えを用いて、連立1次方程式を解いてみましょう。

$$\begin{cases} 3x + 2y = 12 \\ 5x + 3y = 19 \end{cases}$$

$$\begin{pmatrix} 3 & 2 \\ 5 & 3 \end{pmatrix}\begin{pmatrix} x \\ y \end{pmatrix} = \begin{pmatrix} 12 \\ 19 \end{pmatrix}$$

$\begin{pmatrix} 3 & 2 \\ 5 & 3 \end{pmatrix}$ の逆行列は、33ページの $A^{-1} = \dfrac{1}{ad-bc}\begin{pmatrix} d & -b \\ -c & a \end{pmatrix}$ から

$$\begin{pmatrix} 3 & 2 \\ 5 & 3 \end{pmatrix}^{-1} = \frac{1}{9-10}\begin{pmatrix} 3 & -2 \\ -5 & 3 \end{pmatrix} = -\begin{pmatrix} 3 & -2 \\ -5 & 3 \end{pmatrix} = \begin{pmatrix} -3 & 2 \\ 5 & -3 \end{pmatrix}$$

両辺の左側からかけて、

かける順番が大切でしたよね。

$$\begin{pmatrix} -3 & 2 \\ 5 & -3 \end{pmatrix}\begin{pmatrix} 3 & 2 \\ 5 & 3 \end{pmatrix}\begin{pmatrix} x \\ y \end{pmatrix} = \begin{pmatrix} -3 & 2 \\ 5 & -3 \end{pmatrix}\begin{pmatrix} 12 \\ 19 \end{pmatrix}$$

$$\begin{pmatrix} x \\ y \end{pmatrix} = \begin{pmatrix} -3\times12+2\times19 \\ 5\times12+(-3)\times19 \end{pmatrix} = \begin{pmatrix} -36+38 \\ 60-57 \end{pmatrix} = \begin{pmatrix} 2 \\ 3 \end{pmatrix}$$

$$\begin{pmatrix} x \\ y \end{pmatrix} = \begin{pmatrix} 2 \\ 3 \end{pmatrix}$$

$x=2,\ y=3$ と解くことができました。

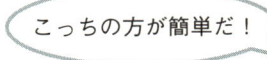

こっちの方が簡単だ！

【 **Questions ④**】同様に逆行列を用いて次の連立1次方程式を解きましょう。

（答えは181，182ページ）

(1) $\begin{cases} 3x+2y=7 \\ x+4y=9 \end{cases}$ (2) $\begin{cases} 5x-2y=4 \\ 10x-3y=1 \end{cases}$ (3) $\begin{cases} -x+2y=-1 \\ 3x-y=1 \end{cases}$

前の解き方、掃き出し法より簡単と思えたかもしれません。

では、未知数が $x,\ y,\ z$ と3つある場合について、逆行列を用いた解き方を考えてみましょう。

3行3列の正方行列で、

$$A = \begin{pmatrix} a_{11} & a_{12} & a_{13} \\ a_{21} & a_{22} & a_{23} \\ a_{31} & a_{32} & a_{33} \end{pmatrix} \quad \text{と表すと、}$$

Aの逆行列は、なんと

$$A^{-1}=\frac{1}{a_{11}a_{22}a_{33}+a_{12}a_{23}a_{31}+a_{13}a_{21}a_{32}-a_{13}a_{22}a_{31}-a_{12}a_{21}a_{33}-a_{11}a_{23}a_{32}}$$
$$\times\begin{pmatrix} a_{22}a_{33}-a_{23}a_{32} & -(a_{12}a_{33}-a_{13}a_{32}) & a_{12}a_{23}-a_{13}a_{22} \\ -(a_{21}a_{33}-a_{23}a_{31}) & a_{11}a_{33}-a_{13}a_{31} & -(a_{11}a_{23}-a_{13}a_{21}) \\ a_{21}a_{32}-a_{22}a_{31} & -(a_{11}a_{32}-a_{12}a_{31}) & a_{11}a_{22}-a_{12}a_{21} \end{pmatrix}$$

うわぁ～～
これは無理かも

うわっ、と感じましたか？そうです。逆行列を作るのが、一苦労なんです。

そこで、行列だけでは太刀打ちができない逆行列の作り方について、少々遠回りになってしまいますが、次のChapterでは行列式についてお話ししましょう。

行列式は、行列の計算においてとても重要な考え方です。
太刀打ちできない連立方程式も解決できます！

行列式は行列とは、全く違う考えです。その意味も計算も違うので、注意が必要です。

ここが +α

でも、3行3列の逆行列が上の計算より簡単にできるのならば、OKです！

Chapter 4

行列式で
連立方程式を解く!!

Section 1　行列式って何？－サラスの方法 ……………………

行列式は、行列の特徴を表す一つの指標と考えてください。
『行列式』と後ろに“式”がくっ付いただけで『行列』とは別物になってしまいます。
行列式は、スカラー量です。

逆行列を求めるときに行列式の考え方が必要になってきます。
表し方ですが、行列 A の行列式は、$|A|$ や $\det(A)$ と表します。
「det」とは、行列式の英語に当たる“determinant”に由来します。
どちらを使用しても構いませんが、以降本書では、$|A|$ の方を使用します。

$A = \begin{pmatrix} a & b \\ c & d \end{pmatrix}$ とした時、A の行列式は次のように計算されたスカラー量となり、

$|A| = ad - bc$　で計算されます。

　2行2列の行列式の場合、$ad-bc$ が行列式になるのか。

　あれ、どこかで見たような…。

そうです。逆行列を求めた時の(　　)の前にある分数の分母です。

$$A^{-1} = \frac{1}{ad-bc}\begin{pmatrix} d & -b \\ -c & a \end{pmatrix}$$ でしたね。

ここが **+α**

$|A| = 0$ の時は、逆行列は存在しません。
イメージとして、

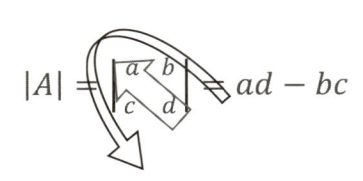

$$|A| = \begin{vmatrix} a & b \\ c & d \end{vmatrix} = ad - bc$$

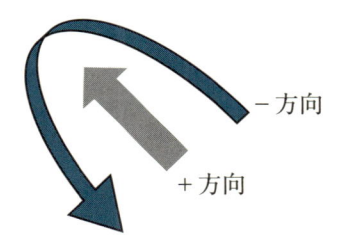

－方向

＋方向

3行3列での行列Aの行列式$|A|$はどうなるかというと、

$$A = \begin{pmatrix} a_{11} & a_{12} & a_{13} \\ a_{21} & a_{22} & a_{23} \\ a_{31} & a_{32} & a_{33} \end{pmatrix}$$

$$|A| = a_{11}\,a_{22}\,a_{33} + a_{12}\,a_{23}\,a_{31} + a_{13}\,a_{21}\,a_{32} - a_{12}\,a_{21}\,a_{33} - a_{11}\,a_{23}\,a_{32} - a_{13}\,a_{22}\,a_{31}$$

うぇ、これは無理！！

コツを掴めればなんとか行ける方もいらっしゃることでしょう。
次のように計算するのが一般的です。前の2列をそのまま右側へ移動し、

$$|A| = \begin{vmatrix} a_{11} & a_{22} & a_{33} \\ a_{21} & a_{22} & a_{23} \\ a_{31} & a_{32} & a_{33} \end{vmatrix} \Rightarrow \begin{vmatrix} a_{11} & a_{12} & a_{13} & a_{11} & a_{12} \\ a_{21} & a_{22} & a_{23} & a_{21} & a_{22} \\ a_{31} & a_{32} & a_{33} & a_{31} & a_{32} \end{vmatrix}$$

と書きます。

そして、薄青━▶は＋、青━▶は－と計算します。

$$|A| = \begin{vmatrix} a_{11} & a_{12} & a_{13} & a_{11} & a_{12} \\ a_{21} & a_{22} & a_{23} & a_{21} & a_{22} \\ a_{31} & a_{32} & a_{33} & a_{31} & a_{32} \end{vmatrix}$$

$|A|$

$= a_{11}\,a_{22}\,a_{33} + a_{12}\,a_{23}\,a_{31} + a_{13}\,a_{21}\,a_{32} - a_{12}\,a_{21}\,a_{33} - a_{11}\,a_{23}\,a_{32} - a_{13}\,a_{22}\,a_{31}$

これを**サラスの方法**といいます。

サラスを使えば簡単に計算できる！

これなら私にもできるわ

　ただし、この方法は4次以上では使えません。4次以上の場合は、"互換"という操作もありますが、先程の掃き出し法の方が良いでしょう。

Section 2 行列式の性質 ....

余因子行列（$\dfrac{1}{|A|}$ の右側にある $\begin{pmatrix} d & -b \\ -c & a \end{pmatrix}$ の部分をいいます）の求め方ですが、

その前に行列式の性質についていくつか見ていきましょう。

行列式で、**行や列を入れ替えると計算結果の符号が変わります。**

$$\begin{vmatrix} 1 & 2 \\ 3 & 4 \end{vmatrix} = 1 \times 4 - 2 \times 3 = 4 - 6 = -2$$

1行目と2行目を入れ替えてみましょう。

$$\begin{vmatrix} 3 & 4 \\ 1 & 2 \end{vmatrix} = 3 \times 2 - 4 \times 1 = 6 - 4 = 2$$

次に、2つの**行や列が同じ行列式の値は"0"**になります。**1行目と2行目が同じ**です。

$$\begin{vmatrix} 1 & 1 \\ 2 & 2 \end{vmatrix} = 2 \times 1 - 1 \times 2 = 2 - 2 = 0$$

3行3列でも確かめてみましょう。**1列目と3列目が同じ**です。サラスの方法です。

$$\begin{vmatrix} 1 & 2 & 1 \\ 2 & 3 & 2 \\ 3 & 4 & 3 \end{vmatrix} = \begin{vmatrix} 1 & 2 & 1 & 1 & 2 \\ 2 & 3 & 2 & 2 & 3 \\ 3 & 4 & 3 & 3 & 4 \end{vmatrix}$$

$$= 1 \times 3 \times 3 + 2 \times 2 \times 3 + 1 \times 2 \times 4 - 2 \times 2 \times 3 - 1 \times 2 \times 4 - 1 \times 3 \times 3$$

$$= 9 + 12 + 8 - 12 - 8 - 9 = 0$$

やっぱり"0"でしたね。

これらの性質は、サラスの方法から検証すれば明らかなことです。

次に、**行や列にある行や列の定数倍を加えても行列式の値は同じ**になります。

先程の $\begin{vmatrix} 1 & 2 \\ 3 & 4 \end{vmatrix} = 1 \times 4 - 2 \times 3 = 4 - 6 = -2$ で、2列目の3倍を1列目に加えてみましょう。

$$\begin{vmatrix} 1+2\times3 & 2 \\ 3+4\times3 & 4 \end{vmatrix} = \begin{vmatrix} 7 & 2 \\ 15 & 4 \end{vmatrix} = 7\times4 - 2\times15 = 28 - 30 = -2$$

いかがですか。

少々、不思議な気がしますね。これは、$2\times3 = 2+2+2$ と考えます。

$$\begin{vmatrix} 1+2\times3 & 2 \\ 3+4\times3 & 4 \end{vmatrix} = \begin{vmatrix} 1+2+2+2 & 2 \\ 3+4+4+4 & 4 \end{vmatrix} = (1+2+2+2)\times4 - 2\times(3+4+4+4)$$

$$= 1\times4 + 2\times4 + 2\times4 + 2\times4 - 2\times3 - 2\times4 - 2\times4 - 2\times4$$

$$= \begin{vmatrix} 1 & 2 \\ 3 & 4 \end{vmatrix} + \begin{vmatrix} 2 & 2 \\ 4 & 4 \end{vmatrix} + \begin{vmatrix} 2 & 2 \\ 4 & 4 \end{vmatrix} + \begin{vmatrix} 2 & 2 \\ 4 & 4 \end{vmatrix}$$

と分解できるからです。後ろにある3つの行列式の値は、行が同じ値なので“0”ですね。

さて、行列式の掛け算にはとても重要で面白い性質があります。

行列 A、B が正方行列のとき、

$|AB| = |A||B|$

が成立します。

AB、2つの行列の積の行列式とそれぞれの行列式の積が一致するということです。言葉にすると、またまた『なんのこっちゃ！？』ですね（笑）。

$$A = \begin{pmatrix} 1 & 2 \\ 3 & 4 \end{pmatrix} , \quad B = \begin{pmatrix} -4 & -3 \\ 2 & 1 \end{pmatrix} \quad \text{として確認してみましょう。}$$

$$AB = \begin{pmatrix} 1 & 2 \\ 3 & 4 \end{pmatrix}\begin{pmatrix} -4 & -3 \\ 2 & 1 \end{pmatrix}$$

$$= \begin{pmatrix} 1\times(-4)+2\times2 & 1\times(-3)+2\times1 \\ 3\times(-4)+4\times2 & 3\times(-3)+4\times1 \end{pmatrix}$$

$$= \begin{pmatrix} 0 & -1 \\ -4 & -5 \end{pmatrix} \quad \text{より}$$

（　）と｜　｜を間違えないようにしなきゃ‼

$$|AB| = \begin{vmatrix} 0 & -1 \\ -4 & -5 \end{vmatrix} = 0 - 4 = -4$$

そのとおりだね。

$$|A| = \begin{vmatrix} 1 & 2 \\ 3 & 4 \end{vmatrix} = 4 - 6 = -2, \qquad |B| = \begin{vmatrix} -4 & -3 \\ 2 & 1 \end{vmatrix} = -4 - (-6) = 2$$

$$|A||B| = -2 \times 2 = -4$$

行列と行列式の違いね。

いかがですか。このことは、3次以上の正方行列でも成立しています。

余因子行列のの具体的な求め方は、次のSection 3に続きます。

サラスの方法にその名を遺したサラス

　ピエール・フレデリック・サラス（Pierre Frédéric Sarrus、1798〜1861）は、フーリエやガウス、ガロアなどとほぼ同時代のフランスの数学者です。

　サラスはもともと医学を志していましたが、政治的な理由（ナポレオン政権の熱烈な支持者でしたが、ナポレオンがワーテルローの戦いで敗れ失脚後、反ナポレオン政権になったためと言われています）もあり、やむなく医学を断念し数学を志します。フランスのストラスブール大学で教授として教鞭をとります。また、フランス科学アカデミー会員でもありました。

　1842年に複数の未知数を持つ数値方程式の解法、多重積分とその積分可能条件など、いくつかの論文を執筆しています。彼はまた、本書に紹介した3行3列の行列式において、その値を求めるためのサラスの方法を発見しています。

サラスが活躍した1800年代って日本は江戸時代だね。

そうね、15代まで続く江戸時代の13代家定、14代家茂が将軍の時代だね。

もえは、日本史詳しいね。

1868年ころの明治維新に向けて、日本に激動の時代が訪れる直前だね。

連立方程式

　連立方程式は中学数学に出てくる方程式の1つです。方程式の中に使われている数字や記号が並ぶことで混乱し、連立方程式に苦手意識を持つ人も多くいます。求める数（解：未知数という）が2つのときは式が2つ、3つのときは式が3つ必要になってきます。未知数と同じ数の式がなければ、解が一つに定まりません。

　式や文字が複数あると、何をどうしていいかわからずに、混乱する人も多いと思いますが、解き方はワンパターンです。文字を一つ消去（消す）することで、解いていくことができます。

　文字を消去する方法として**加減法**と**代入法**がありましたね。

　加減法は、37ページでやりましたので、代入法を復習しましょう。

　方針は、**"文字を一つ消去"**で変わりません。

$$\begin{cases} 2x+y=1 & \cdots① \\ y=3x-9 & \cdots② \end{cases}$$

②式が$y=$　　となっていますので、

①式のyに代入します。

　　$2x+3x-9=1$　となり、

まず$5x=10$から$x=2$、

①式でも②式でもこの xの値を代入して、

$y=-3$と解くことができました。

さて、話を連立方程式に戻しましょう。

手順をもう一度示すと、

$$\begin{cases} ax+by=p \\ cx+dy=q \end{cases} \quad \text{は、}$$

行列を用いて $\begin{pmatrix} a & b \\ c & d \end{pmatrix}\begin{pmatrix} x \\ y \end{pmatrix} = \begin{pmatrix} p \\ q \end{pmatrix}$ と表せ、

今、$\begin{pmatrix} a & b \\ c & d \end{pmatrix} = A$, $\begin{pmatrix} x \\ y \end{pmatrix} = X$, $\begin{pmatrix} p \\ q \end{pmatrix} = P$ とすると、

$AX=P$ と書くことができ、A の逆行列 A^{-1} が存在するとき、

$$AX=P$$
$$A^{-1}AX=A^{-1}P$$
$$EX=A^{-1}P$$

よって、$X=A^{-1}P$ $\qquad X = \begin{pmatrix} x \\ y \end{pmatrix}$

でした。

ここで、逆行列を求めようと行列式の話になりました。

逆行列 $A^{-1} = \dfrac{1}{ad-bc}\begin{pmatrix} d & -b \\ -c & a \end{pmatrix} = \dfrac{1}{|A|}\begin{pmatrix} d & -b \\ -c & a \end{pmatrix}$

の右側にある $\begin{pmatrix} d & -b \\ -c & a \end{pmatrix}$ **の部分は余因子行列**といいましたが、この部分の求め方です。

改めて、$A = \begin{pmatrix} a_{11} & a_{12} \\ a_{21} & a_{22} \end{pmatrix}$ として、余因子行列を求めてみましょう。

そもそも、余因子行列とは各成分の余因子から作られる行列のことです。

ある行列 A の a_{ij} の余因子は、

『元の行列 A から i 行と j 列の成分をすべて除いて、残った他の成分で作られた行列

の行列式に $(-1)^{i+j}$ を掛けたもの』です

　文章で表現すると、『なんのこっちゃ』という声が聞こえてきそうですので、具体例でやってみましょう。

$$A = \begin{pmatrix} \boxed{a_{11}} & a_{12} \\ \boxed{a_{21}} & a_{22} \end{pmatrix}$$ で、a_{21} の余因子を求めてみます。

a_{21} は、2行1列の成分ですから、すべて取り除くと青枠部分がなくなりますので

$$\begin{pmatrix} \blacksquare & a_{12} \\ \blacksquare & \blacksquare \end{pmatrix}$$

　$\boldsymbol{a_{12}}$ 一つのみ残ります。これで行列を作りますので、

　(a_{12}) の行列式は、 $|a_{12}| = a_{12}$ これに、$(-1)^{2+1}$ を掛けますので、

$$(-1)^{2+1} a_{12} = -a_{12}$$

少々面倒ですが、これが a_{21} の余因子です。$a_{21} \rightarrow -a_{12}$ となり他の成分も同じ方法で求めると、

$$\begin{pmatrix} a_{22} & -a_{21} \\ -a_{12} & a_{11} \end{pmatrix}$$

　最後に、1行2列の成分と2行1列の成分を入れ替えて覚えやすくして余因子行列の完成です。

入れ替えても行列式の値 $ad-bc$ の計算結果に変わりはありませんね。これは、"行列の転置"という考えです。本書では、深追いはしませんが3次での正方行列でも等しくなります。

$$\begin{pmatrix} a_{22} & -a_{12} \\ -a_{21} & a_{11} \end{pmatrix}$$

これが余因子行列です。
まとめておきましょう。

$$\begin{cases} a_{11}\,x + a_{12}\,y = p \\ a_{21}\,x + a_{22}\,y = q \end{cases} \quad \text{の解は、}$$

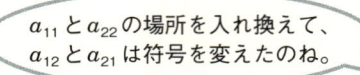 
a_{11} と a_{22} の場所を入れ換えて、
a_{12} と a_{21} は符号を変えたのね。

$$\binom{x}{y} = \frac{1}{|A|} \begin{pmatrix} a_{22} & -a_{12} \\ -a_{21} & a_{11} \end{pmatrix} \binom{p}{q} \quad \text{で求められます。}$$

ここで無事終了…とせずにもう少しお付き合いください。

右辺の行列の積を計算すると、$\begin{pmatrix} a_{22}\,p - a_{12}\,q \\ -a_{21}\,p + a_{11}\,q \end{pmatrix}$

この成分をそれぞれ行列式で表現すると、

$$a_{22}p - a_{12}q = \begin{vmatrix} p & a_{12} \\ q & a_{22} \end{vmatrix}, \quad -a_{21}p + a_{11}q = \begin{vmatrix} a_{11} & p \\ a_{21} & q \end{vmatrix}$$

となります。

さらに、分数で表現すると

$$x = \frac{\begin{vmatrix} p & a_{12} \\ q & a_{22} \end{vmatrix}}{|A|} \qquad y = \frac{\begin{vmatrix} a_{11} & p \\ a_{21} & q \end{vmatrix}}{|A|}$$

ここが +α

あれ、青字の部分、右辺の定数項が
もともとの列に置き換わっているだ
けだ!!

この方法ならば、逆行列を求めたり、余因子行列を求めなくても単純な操作で解く
ことができます。

これを **"クラメルの公式"** と呼んでいます。
　実際に使ってみましょう。

$$\begin{cases} -x+2y=\mathbf{-1} \\ 3x-\ y=\mathbf{1} \end{cases}$$

$A=\begin{vmatrix} -1 & 2 \\ 3 & -1 \end{vmatrix}$ ですから、$|A|=(-1)\times(-1)-2\times3=1-6=-5$

さらに、

$$\begin{pmatrix} p \\ q \end{pmatrix} = \begin{pmatrix} -1 \\ 1 \end{pmatrix}$$ ですから

$$\begin{vmatrix} p & a_{12} \\ q & a_{22} \end{vmatrix} = \begin{vmatrix} -1 & 2 \\ 1 & -1 \end{vmatrix} = 1-2 = -1$$

$$\begin{vmatrix} a_{11} & p \\ a_{21} & q \end{vmatrix} = \begin{vmatrix} -1 & -1 \\ 3 & 1 \end{vmatrix} = -1-(-3) = 2$$

よって、

$$x=\frac{-1}{-5}=\frac{1}{5}\ ,\quad y=\frac{2}{-5}=-\frac{2}{5}\quad と求められます。$$

クラメルの公式は、とてつもなく威力のある公式です。3行3列で表される3元連立方程式でも使えます。

$$\begin{cases} 2x+\ y-\ z=0 \\ \ x-2y+2z=10 \\ 3x-\ y-2z=1 \end{cases}$$

この連立方程式
普通に解くと大変ね！

行列で表現すると、

$$\begin{pmatrix} 2 & 1 & -1 \\ 1 & -2 & 2 \\ 3 & -1 & -2 \end{pmatrix}\begin{pmatrix} x \\ y \\ z \end{pmatrix} = \begin{pmatrix} 0 \\ 10 \\ 1 \end{pmatrix} \quad A=\begin{vmatrix} 2 & 1 & -1 \\ 1 & -2 & 2 \\ 3 & -1 & -2 \end{vmatrix}$$

ですから、サラスの方法を使って

$$|A| = \begin{vmatrix} 2 & 1 & -1 & 2 & 1 \\ 1 & -2 & 2 & 1 & -2 \\ 3 & -1 & -2 & 3 & -1 \end{vmatrix} = 8+6+1-(-2)-(-4)-6 = 15$$

$$\begin{pmatrix} p \\ q \\ r \end{pmatrix} = \begin{pmatrix} 0 \\ 10 \\ 1 \end{pmatrix} \quad \text{ですから、}$$

x を求めるために、

$$\begin{vmatrix} 0 & a_{12} & a_{13} \\ 10 & a_{22} & a_{23} \\ 1 & a_{32} & a_{33} \end{vmatrix} \begin{vmatrix} 0 & 1 & -1 \\ 10 & -2 & 2 \\ 1 & -1 & -2 \end{vmatrix} = \begin{vmatrix} 0 & 1 & -1 & 0 & 1 \\ 10 & -2 & 2 & 10 & -2 \\ 1 & -1 & -2 & 1 & -1 \end{vmatrix}$$

$$= 0+2+10-(-20)-0-2 = 30$$

y を求めるために、

$$\begin{vmatrix} a_{11} & 0 & a_{13} \\ a_{21} & 10 & a_{23} \\ a_{31} & 1 & a_{33} \end{vmatrix} \begin{vmatrix} 2 & 0 & -1 \\ 1 & 10 & 2 \\ 3 & 1 & -2 \end{vmatrix} = \begin{vmatrix} 2 & 0 & -1 & 2 & 0 \\ 1 & 10 & 2 & 1 & 10 \\ 3 & 1 & -2 & 3 & 1 \end{vmatrix}$$

$$= -40+0-1-0-4-(-30) = -15$$

z を求めるために、

$$\begin{vmatrix} a_{11} & a_{12} & 0 \\ a_{21} & a_{22} & 10 \\ a_{31} & a_{32} & 1 \end{vmatrix} \begin{vmatrix} 2 & 1 & 0 \\ 1 & -2 & 10 \\ 3 & -1 & 1 \end{vmatrix} = \begin{vmatrix} 2 & 1 & 0 & 2 & 1 \\ 1 & -2 & 10 & 1 & -2 \\ 3 & -1 & 1 & 3 & -1 \end{vmatrix}$$

$$= -4+30+0-1-(-20)-0 = 45$$

ホントにすごいわ！

$|A| = 15$ でしたから、

$x = \dfrac{30}{15} = 2$ 、同様にして、$y = \dfrac{-15}{15} = -1$, $z = \dfrac{45}{15} = 3$ と求められます。

サラスさんとクラメルさんの共同作戦、凄い！！

加減法も代入法もぶっ飛んでしまいましたね。

【**Questions** ⑤】次の連立方程式をサラスさんとクラメルさんの共同作戦で解いてみましょう。 （答えは182ページ）

(1)
$$\begin{cases} 4x + 3y + 2z = 4 \\ 2x - y - 2z = 2 \\ x + 5y + 6z = 3 \end{cases}$$

(2)
$$\begin{cases} 3x - y + 2z = -5 \\ 2x + y - 5z = 24 \\ x + y - 4z = 19 \end{cases}$$

チームプレーって大事ですね…

何でも一人でやろうとするのではなく、歴史上の数学者や、身の回りの人に助けを借りられる力も生きる上で大切です。

 ちょっと一息

神童クラメルの業績

ガブリエル・クラメル（Gabriel Cramer、1704～1752年）は、スイスの数学者です。

クラメルはスイスのジュネーブで生まれ、早くから物理や数学の才能を見せます。18歳で博士の学位を授与され20歳でジュネーブ大学の数学副主任となります。

本書で解説しましたクラメルの公式は、1750年に出版された平面代数曲線に関する論文の中で紹介されています。クラメルは精力的に働く人で、研究に対する姿勢もとても真摯でした。そのため、マクローリン展開で有名なコリン・マクローリン、ヨハン・ベルヌーイとその子供のダニエル・ベルヌーイ、オイラーなど多くの数学者に影響を与えています。

ただ、クラメルの公式は大変な計算量が必要です。ライプニッツの公式に従って計算すれば、未知数が4つの連立方程式を解く場合、360回の掛け算、4回の割り算、115回の足し算をしなければなりません。これは、消去法よりもずっと大きな計算量となります。3元連立方程式までを解く時には、とても威力があるのでおすすめです。

Chapter 5

連立方程式と
不定方程式

方程式といっても
いろいろな種類が
あります

Section 1 連立方程式の解の存在 ………………………………

　ここで、連立方程式が解をもつための条件を考えてみましょう。そもそも連立方程式は、"解が一組ある"、"解がない"、"解が無数にある"に分類できます。

　"解が一組ある"については、前のChapter 4で求めた通りですね。連立方程式で、"解がない"場合について考えてみましょう。

例えば、

$$\begin{cases} 2x+2y+\ z=4 & \cdots ① \\ 4x+4y+2z=4 & \cdots ② \\ \ x+5y+6z=3 & \cdots ③ \end{cases}$$

です。

いかがです。

①の式に2を掛けて②を引いてみようかな…

$$\begin{array}{r} 4x+4y+2z=8 \\ -)\ \ 4x+4y+2z=4 \\ \hline 0=12 \end{array}$$

あれ？
0=12になっちゃう

　当然ながら、この式はいかなる場合を考えてもおかしいですよね。すなわち"解なし"です。これを「不能」といい、解くことが不可能な連立方程式です。

クラメルの公式で解いてみましょう。

行列で表現すると、

$$\begin{pmatrix} 2 & 2 & 1 \\ 4 & 4 & 2 \\ 1 & 5 & 6 \end{pmatrix} \begin{pmatrix} x \\ y \\ z \end{pmatrix} = \begin{pmatrix} 4 \\ 4 \\ 3 \end{pmatrix}$$

クラメルでやってみたら、どうなる？

$A = \begin{vmatrix} 2 & 2 & 1 \\ 4 & 4 & 2 \\ 1 & 5 & 6 \end{vmatrix}$ ですから、サラスの方法を使って

$|A| = \begin{vmatrix} 2 & 2 & 1 & 2 & 2 \\ 4 & 4 & 2 & 4 & 4 \\ 1 & 5 & 6 & 1 & 5 \end{vmatrix} = 48 + 4 + 20 - 48 - 20 - 4 = 0 \ \cdots④$

$\begin{pmatrix} p \\ q \\ r \end{pmatrix} = \begin{pmatrix} 4 \\ 4 \\ 3 \end{pmatrix}$ ですから、xを求めるために…、

$|A| = 0$ ④から、

逆行列を作るときの、$\dfrac{1}{|A|}$ の計算ができない！！

$|A| = 0$ のときは"解なし"となってしまいますね。

　行列式を先に求めて"0"となってしまうと、解なしが確定するのです。しかし、特殊な場合には **$|A| = 0$ のときが解が存在する条件** となることもあります。その特殊な場合は、

$$\begin{pmatrix} a_{11} & a_{12} & a_{13} \\ a_{21} & a_{22} & a_{23} \\ a_{31} & a_{32} & a_{33} \end{pmatrix} \begin{pmatrix} x \\ y \\ z \end{pmatrix} = \begin{pmatrix} 0 \\ 0 \\ 0 \end{pmatrix} \cdots⑤$$

のような、方程式です。左辺を分解して方程式の形に戻すと、

$$\begin{cases} a_{11}\,x + a_{12}\,y + a_{13}\,z = 0 \\ a_{21}\,x + a_{22}\,y + a_{23}\,z = 0 \qquad \cdots ⑥ \\ a_{31}\,x + a_{32}\,y + a_{33}\,z = 0 \end{cases}$$

ですね。

行列で表現された⑤の左辺で、$A = \begin{pmatrix} a_{11} & a_{12} & a_{13} \\ a_{21} & a_{22} & a_{23} \\ a_{31} & a_{32} & a_{33} \end{pmatrix}$ の行列式の値が"0"でな

ければ解が存在します。すなわち、解の存在条件は $|A| \neq 0$ です。

それに対して、右辺の列ベクトルの成分がすべて"0"なので、⑤の解は簡単で

$$\begin{pmatrix} x \\ y \\ z \end{pmatrix} = \begin{pmatrix} 0 \\ 0 \\ 0 \end{pmatrix}$$

つまり、すべて"0"というのが解となります。確かに、A の成分がどんな数であっても、$x=0,\ y=0,\ z=0$ であれば、この方程式を満たします。あえてサラスの方法やクラメルの公式を持ち出す必要もありませんね。

さて、**"解が無数にある"連立方程式**とはどのような方程式でしょうか。次の連立方程式を考えてみましょう。

$$\begin{cases} 2x + y = 3 & \cdots ⑦ \\ 4x + 2y = 6 & \cdots ⑧ \end{cases}$$

⑦を2倍して…、

先生、⑦×2で
$4x+2y=6$　あれ？

⑦と⑧は同じ式でしたね。

では解がないかといえば、

$2x+y=3$ の解は、$x=1$, $y=1$ ですね。また、$x=2$, $y=-1$ も解です。

他にもこの方程式を満たす解は無数に存在します。

このように、解が一つに定まらない方程式は "**不定方程式**" と呼ばれています。

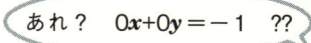
解がない(存在しない)連立方程式もあるんだよ。

$$\begin{cases} 2x+2y=3 \quad \cdots ⑨ \\ x+\ y=2 \quad \cdots ⑩ \end{cases}$$

いかがですか？まず、⑩に2を掛けて、⑨から引いてみます。

$$\begin{array}{r} 2x+2y=3 \\ -)\ 2x+2y=4 \\ \hline 0x+0y=-1 \end{array}$$

あれ？　$0x+0y=-1$　??

$0=-1$ はおかしいものね。

この式は、x, y がどんな数であっても成り立つことはありませんね。

連立方程式を満足する解 x, y はないということが言えます。

ここまでを、まとめておきましょう。

連立方程式

$$\begin{cases} a_{11}\,x + a_{21}\,y = p \\ a_{12}\,x + a_{22}\,y = q \end{cases}$$

> 一口に方程式といってもその解には、いろいろなパターンがあるんだよ。

拡大係数行列で表すと、

$$\begin{pmatrix} a_{11} & a_{21} & p \\ a_{12} & a_{22} & q \end{pmatrix}$$

ですね。

これを行基本操作などを使って、

$\begin{pmatrix} 1 & 0 & p' \\ 0 & 1 & q' \end{pmatrix}$ とできれば、**解は一組のみ**

$\begin{pmatrix} 1 & 1 & p' \\ 0 & 0 & q' \end{pmatrix}$ になってしまうと、式が一つ減ってしまうので、**解は無数**に存在する

$\begin{pmatrix} 1 & 0 & p' \\ 0 & 0 & q' \end{pmatrix}$ になってしまうと、式が一つ減り、未知数 y の式もありませんので、

解はなし

となります。

　このように連立方程式と行列、行列式は密接で強い関係であることが分かります。

　一般的に、$ax+by=c$ のように、方程式の数が未知数の数より少ないケースを**不定方程式**といいます。解き方は何種類かありますが、本書では3通り紹介してみます。

パターン1　$c=0$の場合

$ax+by=0$　の形です。

例えば、$3x-2y=0$　です。

これは、まず、次のように考えます。

ア）$3x=2y$　とし、（3の倍数）＝（2の倍数）

となっているので、xは2の倍数、なおかつyは3の倍数でなければなりません。

したがって、$x=2m$, $y=3m$と書けます（mは整数）。

$m=1$　とすれば、$x=2$, $y=3$が解。

$m=2$　とすれば、$x=4$, $y=6$が解として無数に求めることができます。

イ）$3(x-1)=2(y+2)$というような形でも同じです。

$x-1$, $y+2$を一塊に考えれば、$x-1$は2の倍数、なおかつ$y+2$は3の倍数でなければなりません。

したがって、$x-1=2m$, $y+2=3m$と書けます。

$x=2m+1$, $y=3m-2$　となるので、

$m=1$ のとき、$x=3$, $y=1$　が解の1つ。

$m=2$ のとき、$x=5$, $y=4$ も解の1つとして求めることができます。

パターン2　$c\neq0$の場合

例えば、$8x+11y=1$です。

ユークリッドの互除法などを使って、一組の解を求めます。

例えば、$x=-4$, $y=3$です。

求めた解を方程式に代入した式を書きます。そして、引きます。

$$8x + 11y = 1$$
$$-\Big)\ 8\cdot(-4) + 11\cdot3 = 1$$
$$8(x+4) + 11(y-3) = 0$$

この式を

$$8\underline{(x+4)} = 11\underline{(3-y)}$$

と変形すれば、左辺の $x+4$ は 11 の倍数、右辺の $3-y$ は 8 の倍数なので、

$$x+4 = 11m,\ \ 3-y = 8m$$

と書くことができ、

$$x = 11m - 4,\ \ y = 3 - 8m$$

が解を表現する式として得られます。

$m=1$ とすれば、$x=7$, $y=-5$ が解の 1 つとなります。

パターン3　因数分解できる場合

$xy - x - 2y + 3 = 0$　となる整数解 x, y を求めるような場合です。

上の式は、

$xy - x - 2y + 2 + 1 = 0$

$x(y-1) - 2(y-1) + 1 = 0$　より、

$(x-2)(y-1) = -1$　と因数分解し、式変形できますね。

$x-2$ と $y-1$　2つの式を掛けて"-1"となる整数は、$1 \times (-1)$ と $(-1) \times 1$ の場合のみですね。

　したがって、$x-2=1$, $y-1=-1$　より、$x=3$, $y=0$

　　　　　　　$x-2=-1$, $y-1=1$　より、$x=1$, $y=2$

と2組の解を得ることができます。

数学は、謎解きに似ているかもしれません。
学べば学ぶほど、面白くなってきませんか。

お金を払って謎解きゲームに参加するのもいいですが、数学の参考書を1冊買って、勉強するのも良いものですね。

私もパズル大好き！

方程式を解いて、未知数を求めることは、数学では、いろいろな場面で登場するから重要ですね。

方程式が解けて、その解が求められた時、けっこうスッキリ感があるしね！

ユークリッドの互除法

割り算、$a \div b = q$　余りrは次のように書き直すことができます。

$$a = bq + r$$

このとき、

$$（a と b の最大公約数）=（b と r の最大公約数）$$

これが、ユークリッドの互除法を使う時のとても**重要な計算性質**です。

ユークリッドの互除法を使って1463と1235の最大公約数を計算してみましょう。

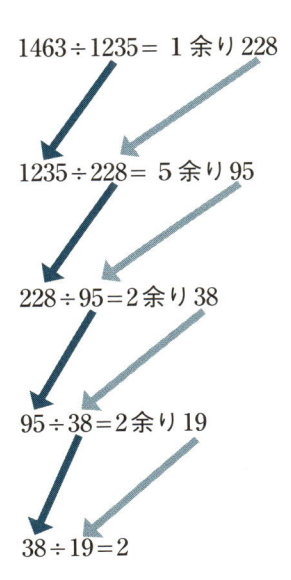

$$1463 \div 1235 = 1 \text{ 余り } 228$$

$$1235 \div 228 = 5 \text{ 余り } 95$$

$$228 \div 95 = 2 \text{ 余り } 38$$

$$95 \div 38 = 2 \text{ 余り } 19$$

$$38 \div 19 = 2$$

割り切れましたので、この前の割り算した余り『19』が最大公約数になっているという方法です。少々くどいですが…

1. まず、1463 を 1235 で割ると商が 1 で余りが 228 です。

   $$1463 = 1235 \times 1 + 228$$

   よって、重要な性質 より
   「1463 と 1235 の最大公約数」=「1235 と 228 の最大公約数」

2. 次に、1235 を 228 で割ります。

   $$1235 = 228 \times 5 + 95$$

   よって、重要な性質 より
   「1235 と 228 の最大公約数」=「228 と 95 の最大公約数」

3. 次に、228 を 95 で割ります。

   $$228 = 95 \times 2 + 38$$

4. 次に、95 を 38 で割ります。

   $$95 = 38 \times 2 + 19$$

5. 最後に 38 を 19 で割り、割り切れましたね。

つまり「1463 と 1235 の最大公約数」は割り切れた割り算の前の余り 19 です。このように，**重要な性質** を使って，繰り返し（割り切れるまで）割り算をしていき最大公約数を求める方法をユークリッドの互除法と言います。
　1463 と 1235 の最大公約数を求めるのは、相当な気合いが必要になりますね。

割算ならまだできそう。

Chapter 6

ベクトルの内積と外積

Chapter 2でやった
ベクトルの続きです。
ここでは、内積と外
積の意味と計算方法
について学んでいき
ましょう。

Section 1 内積の計算と意味

まず、"**内積**"と呼ばれる計算です。

本来、ベクトル量の入り口として位置付けられている"ベクトル"をスカラー量に変換する計算として考えましょう。

2つのベクトル $\vec{a}$, $\vec{b}$ の始点と始点をくっつけたときにできる角 θ $(0° \leqq \theta \leqq 180°)$ を**なす角**といいます。そのとき、ベクトルの大きさと $\cos\theta$ で計算された式

ここが **＋α**

$$|\vec{a}||\vec{b}|\cos\theta$$

を $\vec{a}$, $\vec{b}$ の内積といい、$\vec{a}\cdot\vec{b}$ で表します。すなわち、

$$\vec{a}\cdot\vec{b} = |\vec{a}||\vec{b}|\cos\theta$$

と定義します。

図形としては、右の図のようになります。

また、ベクトルの成分を用いて計算することもできます。

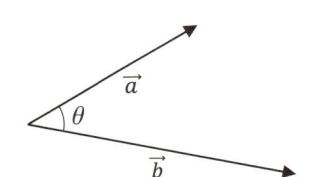

$\vec{a} = (a_1, a_2)$, $\vec{b} = (b_1, b_2)$ とすると、

$$\vec{a}\cdot\vec{b} = a_1 b_1 + a_2 b_2 \qquad ※1$$

です。これら2つを合体させて、

$$|\vec{a}||\vec{b}|\cos\theta = a_1 b_1 + a_2 b_2$$

と書いておきましょう。

さて、どうしてこの式が成り立つのかを考えてみましょう。今、三角形OABで、余弦定理を考えます。

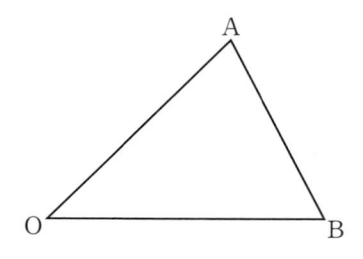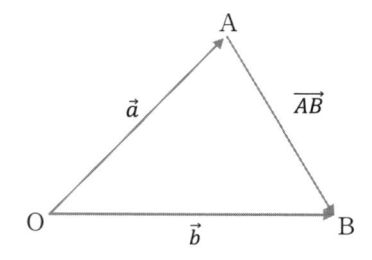

左の三角形OABで余弦定理を用いると、

$$AB^2 = OA^2 + OB^2 - 2OA \cdot OB \cos \angle AOB$$

が成り立ちます。

ここで、この三角形をベクトルで表現してみます。

辺OA，OBを$\overrightarrow{OA}$，$\overrightarrow{OB}$と考えると、ABは、$\overrightarrow{AB} = \overrightarrow{OB} - \overrightarrow{OA}$　でしたね。

$\angle AOB = \theta$、また　$\overrightarrow{OA} = \vec{a}$，$\overrightarrow{OB} = \vec{b}$　として

余弦定理で用いる辺は長さですから、

$OA = |\vec{a}|$，$OB = |\vec{b}|$，$AB = |\vec{b} - \vec{a}|$　と表せます。余弦定理に代入して、

$$|\vec{b} - \vec{a}|^2 = |\vec{a}|^2 + |\vec{b}|^2 - 2|\vec{a}||\vec{b}|\cos \theta \quad ※2$$

ここで、$\vec{a} = (a_1, a_2)$，$\vec{b} = (b_1, b_2)$と成分で考えて、

$\vec{b} - \vec{a} = (b_1 - a_1, b_2 - a_2)$より、

$$|\vec{b} - \vec{a}|^2 = \sqrt{\left(b_1 - a_1\right)^2 + \left(b_2 - a_2\right)^2}^{\,2} = (b_1 - a_1)^2 + (b_2 - a_2)^2$$

$$|\vec{a}|^2 = a_1^2 + a_2^2, \quad |\vec{b}|^2 = b_1^2 + b_2^2$$

これらを※2式に代入すると、

$$(b_1 - a_1)^2 + (b_2 - a_2)^2 = a_1^2 + a_2^2 + b_1^2 + b_2^2 - 2|\vec{a}||\vec{b}|\cos \theta$$

左辺を展開して、　右辺の最後の部分は、　$\vec{a} \cdot \vec{b} = |\vec{a}||\vec{b}|\cos \theta$　と定義してあったので、

$$b_1{}^2 - 2a_1 b_1 + a_1{}^2 + a_2{}^2 - 2a_2 b_2 + b_2{}^2 = a_1{}^2 + a_2{}^2 + b_1{}^2 + b_2{}^2 - 2\,\vec{a} \cdot \vec{b}$$

$$-2a_1 b_1 - 2a_2 b_2 = -2\,\vec{a} \cdot \vec{b}$$

$$\vec{a} \cdot \vec{b} = a_1 b_1 + a_2 b_2$$

と※1の計算式が証明されました

　内積の計算では、次の法則が成り立ちます。いずれも文字式の計算法則と変わりありませんので、自然な法則です。

① **交換法則**　$\vec{a} \cdot \vec{b} = \vec{b} \cdot \vec{a}$

② **分配法則**　$\vec{a} \cdot (\vec{b} + \vec{c}) = \vec{a} \cdot \vec{b} + \vec{a} \cdot \vec{c}$

③ **実数倍**　　$(k\vec{a}) \cdot \vec{b} = k\,(\vec{a} \cdot \vec{b}) = \vec{a} \cdot k\,(\vec{b})$

　さて、上の法則②を証明してみましょう。

（証明）$\vec{a} = (a_1, a_2)$, $\vec{b} = (b_1, b_2)$, $\vec{c} = (c_1, c_2)$　とします。

　左辺 $= (a_1, a_2) \cdot (b_1 + c_1, b_2 + c_2)$
　　　 $= a_1 b_1 + a_1 c_1 + a_2 b_2 + a_2 c_2$

　右辺 $= a_1 b_1 + a_2 b_2 + a_1 c_1 + a_2 c_2$

よって、左辺 = 右辺

（〜〜〜の部分は、$\vec{a} \cdot \vec{b}$, 青字に部分は、$\vec{a} \cdot \vec{c}$ の成分計算です）

　さて、同じベクトル同士の内積ですが、

$$\vec{a} \cdot \vec{a} = |\vec{a}| |\vec{a}| \cos \theta$$

となりますが、なす角は0°ですから、$\cos 0° = 1$　より

$$\vec{a} \cdot \vec{a} = |\vec{a}|^2$$

と単に、その大きさを2乗すれば求めることができます。

　さて、内積の計算結果はどんな意味を持っているのでしょう。ベクトル量をスカラー量に変換、それだけですと役に立っているかがあまり見えてきませんね。2つ

のベクトル $\vec{a}$, $\vec{b}$ のなす角 $\theta = 90°$ のときの内積を考えます。

ベクトルの内積は、

$$\vec{a} \cdot \vec{b} = |\vec{a}||\vec{b}|\cos\theta$$

でしたね。すなわち、

$$\vec{a} \cdot \vec{b} = |\vec{a}||\vec{b}|\cos 90°$$

$\cos 90° = 0$ でしたから、ベクトル $\vec{a}$, $\vec{b}$ がどのようなベクトルであっても、内積 $= 0$ であれば、その2つのベクトルは、直交することが分かります。

このように、数学ではある事実を判定するときにある値を調べれば良いという場面が多くあります。

> 直交する　　⇔　内積 $= 0$
> $y' = 0$　　⇔　極値を持つ可能性がある
> 判別式 $= 0$　⇔　2次方程式は重解を持つ　　　などです。

Section 2　外積とは ••

さて、内積があれば、"**外積**"もあります。内積は高校数学の範囲ですが、外積は大学で登場します。内積 $\vec{a} \cdot \vec{b}$ と区別するために、外積は

$$\vec{a} \times \vec{b}$$

と書き表します。

ありゃりゃ、こっちは"×"なのか！という声が聞こえてきそうですが、内積がスカラー量だったのに対して、外積はベクトル量です。

ですから、2つの要素である**方向**と**大きさ**をもっています。

まず、外積は平面上ではなく空間で考えていきます。内積の時のように、定義してみましょう。

方向は、2つのベクトル $\vec{a}$, $\vec{b}$ 両方に垂直なベクトルと同じ方向です。ただし、垂直方向は2通りあるので、$\vec{a}$ を $\vec{b}$ とのなす角方向に回転させ、その回転が右ねじ

の進む方向とします。**大きさ**は、$\vec{a}$, $\vec{b}$ を使ってできる平行四辺形の面積 S です。
高さを $|\vec{a}|\sin\theta$ とすると
すなわち、

$$S=|\vec{a}\times\vec{b}|=|\vec{a}||\vec{b}|\sin\theta$$

これが大きさです。内積と違って、長さではありません。図で書くと、下のような
イメージです。

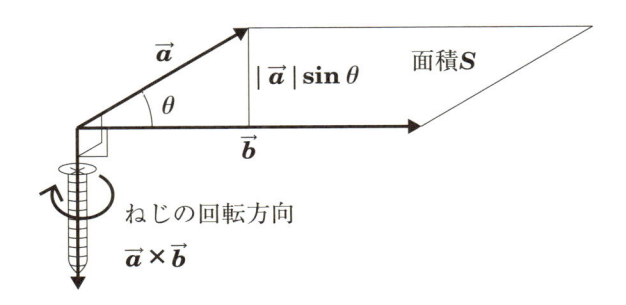

あれ、どこかで見たような図…と感じませんか?
そう、フレミングの左手の法則です。

　この法則を、簡潔にまとめると「磁場中に流れ
る電流があると、力が生じる」法則のことです。
この法則を応用したものに、**モーター**があります。
ドライヤーはモーターによってファンが回転して
風を送る仕組みになっている他、自動車やゲーム
機など私たちの生活の至るところにモーターが利
用されています。

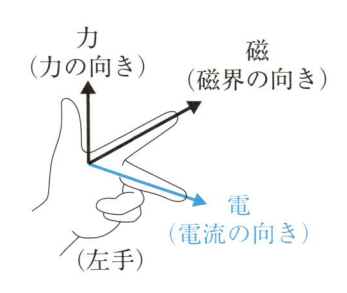

発生する力の向き＝電流の向き×磁場の向き　…※

ということになりますね。

　例えば、電流の向き $=\begin{pmatrix}1\\0\\0\end{pmatrix}$、磁場の向き $=\begin{pmatrix}0\\1\\0\end{pmatrix}$ だったとすると、このことから発

生する力の向きが求められるということになります。

さて、成分計算を考えてみましょう。空間ですので、$\vec{a} = (a_1\, a_2\, a_3)$、$\vec{b} = (b_1\, b_2\, b_3)$ と成分が3つ（x成分、y成分、z成分）必要です。あえて、列ベクトルで成分表示し、計算してみます。

　平面での内積は、$\vec{a} = \begin{pmatrix} a_1 \\ a_2 \end{pmatrix}$、$\vec{b} = \begin{pmatrix} b_1 \\ b_2 \end{pmatrix}$　と表せますので、

$$\vec{a} \cdot \vec{b} = a_1 b_1 + a_2 b_2 \quad \text{でしたね。}$$

空間での内積は、$\vec{a} = \begin{pmatrix} a_1 \\ a_2 \\ a_3 \end{pmatrix}$、$\vec{b} = \begin{pmatrix} b_1 \\ b_2 \\ b_3 \end{pmatrix}$　と表せますので、

$$\vec{a} \cdot \vec{b} = a_1 b_1 + a_2 b_2 + a_3 b_3$$

列ベクトルの方が、すっきりしているかもしれませんね。

　さて外積です。

垂直方向を考えなければなりません。空間ですから、2行1列では表せません。

　区間での外積は、$\vec{a} = \begin{pmatrix} a_1 \\ a_2 \\ a_3 \end{pmatrix}$、$\vec{b} = \begin{pmatrix} b_1 \\ b_2 \\ b_3 \end{pmatrix}$　としたとき、

$$\vec{a} \times \vec{b} = (a_2 b_3 - b_2 a_3,\ a_3 b_1 - b_3 a_1,\ a_1 b_2 - b_1 a_2)$$

うーん、これは覚えづらい

では、行列式で表してみましょう。

$$\vec{a} \times \vec{b} = \begin{pmatrix} \begin{vmatrix} a_2 & b_2 \\ a_3 & b_3 \end{vmatrix} \\ \begin{vmatrix} a_3 & b_3 \\ a_1 & b_1 \end{vmatrix} \\ \begin{vmatrix} a_1 & b_1 \\ a_2 & b_2 \end{vmatrix} \end{pmatrix}$$

上から23→31→12、こちらの方が覚えやすいと思いますが、いかがでしょう。

81ページの※印の発生する力の向きは、発生する力の向き $= \begin{pmatrix} 1 \\ 0 \\ 0 \end{pmatrix} \times \begin{pmatrix} 0 \\ 1 \\ 0 \end{pmatrix}$ ですから、

$$\begin{pmatrix} 1 \\ 0 \\ 0 \end{pmatrix} \times \begin{pmatrix} 0 \\ 1 \\ 0 \end{pmatrix} = \begin{pmatrix} 0\times0-0\times1 \\ 0\times0-1\times0 \\ 1\times1-0\times0 \end{pmatrix} = \begin{pmatrix} 0 \\ 0 \\ 1 \end{pmatrix}$$

すなわち、電流と磁場の向きと垂直な方向に力の向きで働いていることが分かります。

発生する力の大きさは、$\vec{a} = \begin{pmatrix} 1 \\ 0 \\ 0 \end{pmatrix}$ として、$|\vec{a}||\vec{b}|\sin\theta$ から求められますね。

さて外積を考えたとき、方向が同じベクトルの組み合わせだと、平行四辺形ができませんね。
面積が"0"になってしまいますので、この場合は外積は0となります。
同じように、$\vec{a}$と方向が逆の$-\vec{a}$の外積でも平行四辺形はできませんから、外積は0となります。
外積の計算では、$\vec{a} \times \vec{b} = \vec{b} \times \vec{a}$ とはなりません。
順序が変わると、ネジの**回転方向が逆転**しますので

$$\vec{a} \times \vec{b} = -\vec{b} \times \vec{a}$$

となります。ここが、内積の計算法則と異なるところです。しかし、実数倍や分配法則は成り立ちます。

① **交換法則** $\vec{a} \times \vec{b} = -\vec{b} \times \vec{a}$

② **分配法則** $\vec{a} \times (\vec{b} + \vec{c}) = \vec{a} \times \vec{b} + \vec{a} \times \vec{c}$

③ **実数倍** $(k\vec{a}) \times \vec{b} = k(\vec{a} \times \vec{b}) = \vec{a} \times (k\vec{b})$

三角関数

$\sin\theta$ 、$\cos\theta$ の意味は、次のように考えればすっきりするかと思います。

下の図のような直角三角形ABCで斜辺を「1」とした時、底辺を $\cos\theta$ 、高さを $\sin\theta$ と表すことにします。これだけのことです。

ここが ＋α

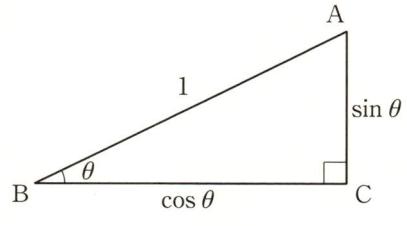

この $\sin\theta$ 、$\cos\theta$ の値は、角 θ の大きさによっていろいろと変化します。

例えば、$\theta = 30°$ だとすると

$$\sin30° = \frac{1}{2}、\cos30° = \frac{\sqrt{3}}{2}$$

$\theta = 45°$ だとすると $\sin45° = \dfrac{\sqrt{2}}{2}$ 、$\cos45° = \dfrac{\sqrt{2}}{2}$

などのようにです。

これは、実際に直角三角形を書いてみれば、3辺の比からすぐにわかります。

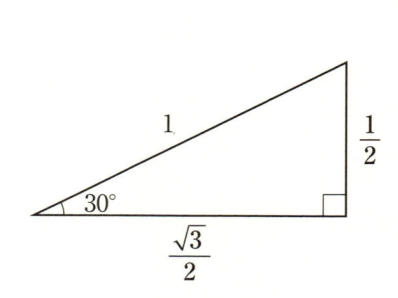

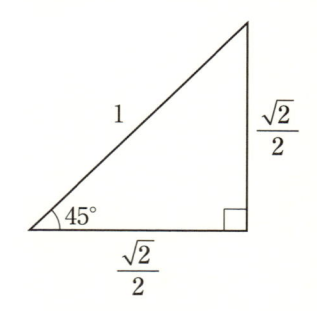

また、$\theta = 0°$ だとすると三角形ができずに、長さが1の直線（平坦な斜辺？）ですので、底辺は「1」で高さは「0」。

$\theta = 90°$ だとするとこれも三角形ができずに、今度は長さが1の直線（垂直な斜辺）ですので、底辺は「0」で高さは「1」。よって、

$$\sin0° = 0 、\cos0° = 1, \ \sin90° = 1、\cos90° = 0$$

と値が決まっています。

Chapter 7

1次独立と
1次従属と図形

線形代数で使われる独立と従属を説明しましょう。

なんとなく高校時代にならった気がする…けど？？

Section 1 図形の媒介変数表示

平面の場合で考えてみましょう。

1次独立は「**2つのベクトルが平行でない**」、1次従属は「**2つのベクトルが平行である**」状態を表します。図で表すと次のようなイメージです。

1次独立   1次従属

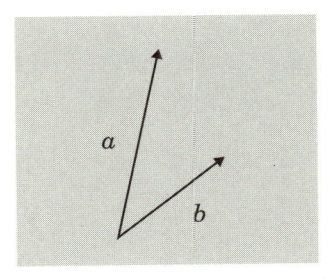
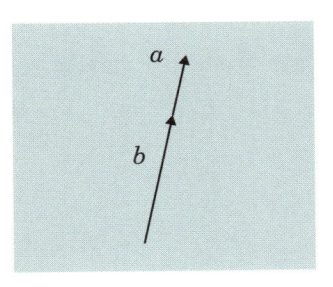

空間の場合だと、1次独立は「**3つのベクトルが同じ平面上にない**」、1次従属は「**3つのベクトルが同じ平面上にある**」状態を表します。次のようなイメージです。

1次独立   1次従属

いかがですか。まず、平面上での1次独立と1次従属を詳しく解説しましょう。平面上の全ての点の位置をベクトルで表そうとします。単位ベクトルを用いて$\overrightarrow{AB}$を原点を始点とし平行移動して$\overrightarrow{OP}$とし、

$$\overrightarrow{OP} = a\overrightarrow{e_1} + b\overrightarrow{e_2}$$

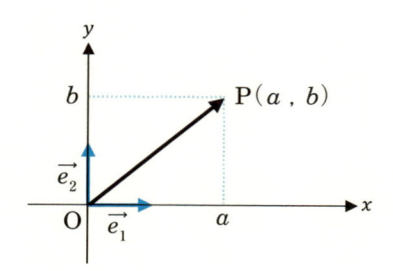

　16ページにあったように上の図のように、もともとベクトルを成分表示したものと点Pの座標は、同じ表現でしたね。

　このように、直交座標系で考えると点の位置（座標）をベクトルの和（差）と実数倍の組み合わせで表せます。この『**和と実数倍で表す**』ことを1次結合と呼びます。

　3次元空間では、どうでしょう。x軸とy軸に加え、z軸を設定しましょう。

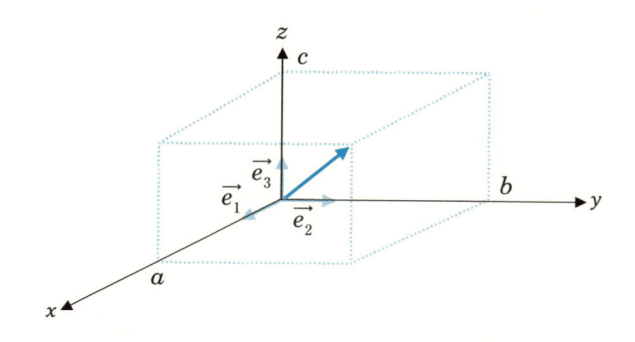

　そして、空間での全ての位置（座標）を3つの単位ベクトル$\overrightarrow{e_1}, \overrightarrow{e_2}, \overrightarrow{e_3}$の1次結合で表現できます。

$$\overrightarrow{OP} = a\overrightarrow{e_1} + b\overrightarrow{e_2} + c\overrightarrow{e_3}$$

ここで大切なことは、それぞれの軸が直交していることです。

さて、この位置ベクトルの考えを用いると、いろいろな図形を表現することができます。

まず、直線です。中学で直線といったら、もっぱら

$$y = ax + b$$

これは、習っているわ。

でしたね。これをベクトルで表してみます。

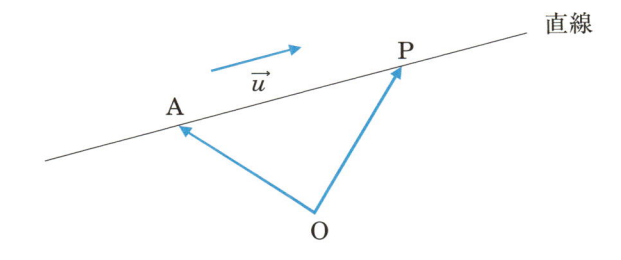

直線

直線と平行なベクトル$\overrightarrow{u}$（**方向ベクトル**といいます）を用いて、$\overrightarrow{AP}$を表してみます。

$$\overrightarrow{OP} = \overrightarrow{OA} + \overrightarrow{AP}$$

ですね。

また、$\overrightarrow{AP} = t\overrightarrow{u}$、また、$\overrightarrow{OP}$と$\overrightarrow{OA}$を位置ベクトル、$\overrightarrow{OP} = \overrightarrow{p}$、$\overrightarrow{OA} = \overrightarrow{a}$として、

$$\overrightarrow{p} = \overrightarrow{a} + t\overrightarrow{u}$$

と実にシンプルな式で直線を表現できました。これを直線の**ベクトル方程式**と呼びます。

さらに、$\overrightarrow{p} = (x, y)$，$\overrightarrow{a} = (x_1, y_1)$、$\overrightarrow{u} = (a, b)$と成分表示で計算してみると、

$$(x, y) = (x_1, y_1) + t(a, b)$$
$$(x, y) = (x_1 + ta, y_1 + tb)$$
$$\begin{cases} x = x_1 + ta \\ y = y_1 + tb \end{cases}$$

これを**直線の媒介変数表示**と言います。

連立方程式のようですね。そうです。この媒介変数表示からtを未知数と考え消去すると元のベクトル方程式に戻せます。

次に、円を考えてみましょう。円とは、中心Cから等距離（rとしましょう）にある点Pの集まりですね。

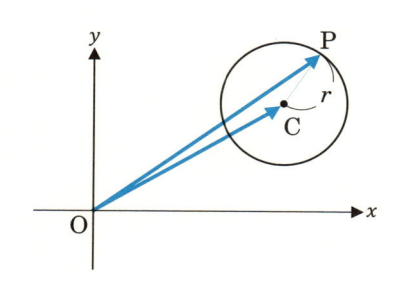

CPが半径ですから、その大きさは$|\overrightarrow{CP}|$です。よって、

$$|\overrightarrow{CP}| = r$$

これが円を表すベクトル方程式です。なんとシンプルなのでしょう。折角ですから、もう少し色付けをします。

$$\overrightarrow{CP} = \overrightarrow{OP} - \overrightarrow{OC}$$

位置ベクトルで表せば、

$$|\vec{P} - \vec{c}| = r \quad これも円のベクトル方程式です。$$

さらに成分を考えて、$C(a, b)$，$P(x, y)$とすれば、

$\vec{P} - \vec{c} = (x - a, y - b)$この大きさで、半径が$r$ですから

$$|\vec{P} - \vec{c}| = \sqrt{(x-a)^2 + (y-b)^2} = r$$

両辺を2乗すれば、

$$(x-a)^2 + (y-b)^2 = r^2$$

これは、数学 II 。高校 2 年生の時習った！

となり、ベクトルを用いない"円の方程式"のでき上がりです。

では、空間で考えてみましょう。まず、直線です。平面では、方向ベクトル $\vec{u}$ を用いて、$\overrightarrow{OP} = \overrightarrow{OA} + \overrightarrow{AP}$　でしたね。

また、$\overrightarrow{AP} = t\vec{u}$、また、$\overrightarrow{OP}$ と $\overrightarrow{OA}$ を位置ベクトルとして、

$$\vec{p} = \vec{a} + t\vec{u}$$

ベクトルで表した方がシンプルよね。

と実にシンプルな式で直線を表現できました。

今、$\vec{p} = (x, y, z)$, $\vec{a} = (x_1, y_1, z_1)$、$\vec{u} = (a, b, c)$ と成分表示で計算してみると、

$$(x, y, z) = (x_1, y_1, z_1) + t(a, b, c)$$
$$(x, y, z) = (x_1 + ta, y_1 + tb, z_1 + tc)$$

とそれぞれの z 成分を付加するだけの操作で、ほとんど変わりなく表現できます。

もちろん、和や実数倍、$\vec{0}$、単位ベクトル、ベクトルの大きさ、内積も同様に以下の通りです。

$\vec{a} = (a_1, a_2, a_3)$, $\vec{b} = (b_1, b_2, b_3)$ とすると、

$$\vec{0} = (0, 0, 0), \ \vec{e_1} = (1, 0, 0), \ \vec{e_2} = (0, 1, 0), \ \vec{e_3} = (0, 0, 1),$$

$$|\vec{a}| = \sqrt{a_1^2 + a_2^2 + a_3^2}$$

$$\vec{a} \cdot \vec{b} = |\vec{a}||\vec{b}| \cos \theta = a_1 b_1 + a_2 b_2 + a_3 b_3$$

　では、空間でのいろいろな図形をベクトルで考えていきましょう。平面を表すベクトル方程式です。

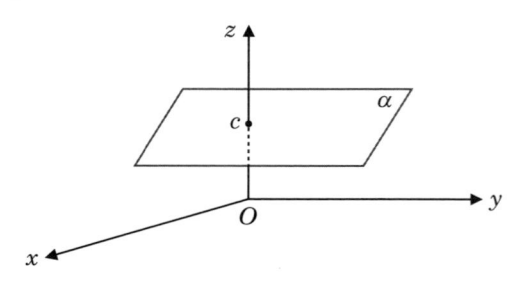

　今、xy 平面に平行で、z 軸の c を通過する平面 α を考えると、平面 α 上にある全ての点の z 座標は c ですね。すなわち、$z=c$ が、平面 α を表す式となります。

　同様に、yz 平面に平行で、x 軸の b を通過する平面 β は、$x=b$ と表せます。zx 平面に平行で、y 軸の c を通過する平面 γ は、$y=c$ となります。さて、ベクトル方程式で表してみましょう。いつも考える平面が、xy 平面や yz 平面、zx 平面に平行、z 軸や x 軸、y 軸と垂直とは限りませんね。

　そこで、定点 $\mathrm{A}(\vec{a})$ を通り、$\vec{0}$ でない $\vec{n}$ に垂直な平面だとしましょう。z 軸や x 軸、y 軸を省き、下のような図にしました。A も P も平面上の点です。

ここが **+α**

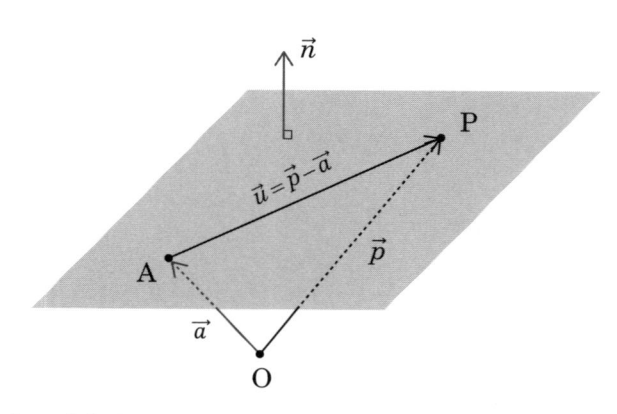

　ここで、A とは違う点 P を考えて $\overrightarrow{AP}=\vec{u}$ を考えます。この式は、$\vec{u}=\vec{p}-\vec{a}$ で表せます。また、基点を O とすれば、$\vec{u}$ と $\vec{n}$ は直交するので、その内積から

$$\vec{n} \cdot \vec{u} = 0$$
$$\vec{n} \cdot (\vec{p} - \vec{a}) = 0 \quad \cdots ①$$

の関係式が成り立ちますね。

この①の式を一般に**平面のベクトル方程式**と言います。また。$\vec{n}$ を平面の**法線ベクトル**と言います。

ここで、点 P の座標を (x, y, z) とし、$\vec{a} = (x_1, y_1, z_1)$、$\vec{n} = (a, b, c)$ とすると、$\vec{p} - \vec{a} = (x - x_1, y - y_1, z - z_1)$ ですから①の平面の式は、

$$a(x - x_1) + b(y - y_1) + c(z - z_1) = 0 \quad \cdots ②$$

と書き直せます。

さらに、$d = -ax_1 - by_1 - cz_1$ と置き換えれば、②の式は

$$ax + by + cz + d = 0$$

と簡単な1次方程式に表すことができ、a, b, c は、法線ベクトルを示す成分となっています。

実にシンプルですね。

次に、空間での球をベクトル方程式で表してみましょう。

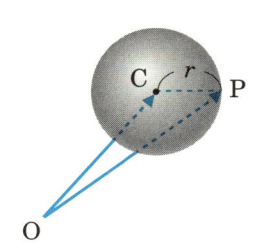

ベクトルを使った方が
シンプルだね。

平面での円と同様に、球とは『定点 C から等距離 (r) にある点 P の集まり』です。

そこで、C と P の位置ベクトルを $\vec{c}$、$\vec{p}$ とすれば、$|\overrightarrow{CP}| = r$ ですから、

$$|\vec{p}-\vec{c}|=r$$

とシンプルな式に表せます。

両辺を2乗し、内積で表すと、

ホントにシンプルね。

$$(\vec{p}-\vec{c})\cdot(\vec{p}-\vec{c})=r^2$$

$\vec{p}=(x,y,z)$、$\vec{c}=(a,b,c)$と成分表示して計算すると、
中心が、$C(a,b,c)$で、半径がrの球の式は、

$\vec{p}-\vec{c}=(x-a,y-b,z-c)$ですから

$$(\vec{p}-\vec{c})\cdot(\vec{p}-\vec{c})$$

$$=|\vec{p}-\vec{c}|^2$$

$$=\sqrt{(x-a)^2+(y-b)^2+(z-c)^2}$$

よって

$$\sqrt{(x-a)^2+(y-b)^2+(z-c)^2}=r \quad より$$

両辺を2乗して、

$$(x-a)^2+(y-b)^2+(z-c)^2=r^2$$

と別な式でも表現できます。

衝突を回避せよ!

　2隻の船の運行をベクトル（物理学では、速度ベクトル）で考えることで、衝突を回避してみよう。

　自分の船Aを運行中、近くの他の船Bが航行し次第に近づいているようだ。

　こんな状況のとき、お互いの船が衝突するか衝突を回避できるかどうかを考えます。

　今自分の船をAとし、速度ベクトルを $\vec{v_a}$ で表します。

　そして、衝突の恐れのある他の船Bに無線で問い合わせ、現在の位置と、どちらの方向にどれだけのスピードで走っているかを聞くことでしょう。その結果、船Bの速度ベクトルが $\vec{v_b}$ であったとします。

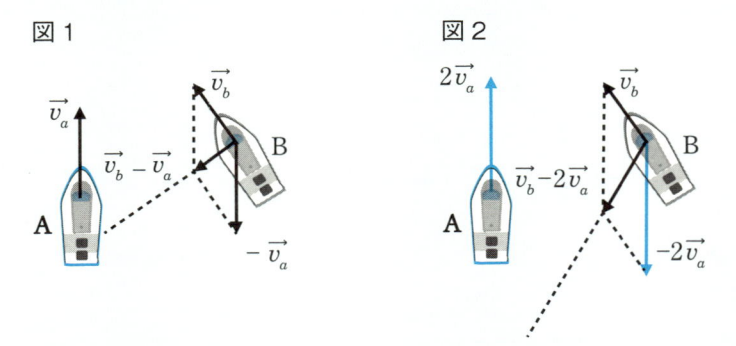

　ここで図1のように、船Bでベクトル $-\vec{v_a}$ を考え、本来の船Bのベクトル $\vec{v_b}$ と加えます。

　こうしてできたベクトル $\vec{v_b}+(-\vec{v_a})=\vec{v_b}-\vec{v_a}$ が、船Aに対する船Bの動きとなります。

　そして、ベクトル $\vec{v_b}-\vec{v_a}$ の延長上に船Aがあれば、間違いなく衝突することになってしまいます。

　よって、船Aはベクトル $\vec{v_b}-\vec{v_a}$ の延長線上に行かないように、スピードや方向を変えて、ベクトルを設定しなおせば、衝突は避けられます。

　例えば、図2のように、船Aのスピードを2倍に上げ、船Bもベクトル $-\vec{v_a}$ をベクトル $-2\vec{v_a}$ に変えると良いかもしれませんね。

　ふぅ〜、助かった。

行列と行列式の歴史

　行列は非常に長い歴史を持っています。紀元前10世紀から紀元前2世紀の間に書かれた中国の書物『九章算術』は連立方程式の解法に行列を用いた最初の例であると言われています。そこには行列式の概念も含まれています。

関孝和

　ヨーロッパに最初に持ち込んだのはイタリアの数学者カルダノ（1501年〜1576年）で、1545年に『アルス・マグナ』の中で、記しています。また、日本の関孝和は1683年に連立方程式の解法として行列による方法を用いています。

　関孝和は算聖とあがめられ、明治以降、和算が西洋数学にとって代わられた後も、日本数学史上最高の英雄的人物とされています。行列や行列式に日本人がかかわっていたことは誇らしいことですね。

　1693年にライプニッツは50以上の異なる体系を用いて行列の使い方を発表しますが、関孝和とほとんど同時にかつ独立に与えられたと言われています。

　本書でも紹介したクラメルが有名なクラメルの公式を生み出すのは、1750年のことです。

第2部

実社会でも使われる 線形代数の応用編

関根先生

ここまで、基本的な行列や行列式、そしてベクトルを扱ってきました。これからは、少し応用編として、抽象的な話になっていきます。まずは集合から始めましょう。

集合は中学数学で習ったなぁ…。

かづ君

第2部は大学へ入学した後で読んでも大丈夫です。
集合とは、数学で扱われる様々な演算を分かりやすく、また扱いやすくしてくれる便利なツールで、『何らかの一定条件を満たす"もの"の"集まり"』のことです。

線形代数の基礎編は第1部で学習できたということですね！

萌ちゃん

そして集合を構成する個々の"もの"のことを『要素』または『元』と言います。
次のChapterでは、この集合と線形空間についての関係を述べていきましょう。

たくさんあって大変！

いずれも第1部に書かれていたことばかりだし、1つ1つは難しくはないと思います…。

Chapter 8

線形空間

○○空間と
言っても集合の
ことです。

Section 1 線形空間であるためのルール

ベクトルの演算を考えたとき、足し算や実数倍で得られたベクトルは同じ集合の要素と考えられます。このように、ベクトルの集合と基本的に同じ性質を持つ集合を「**線形空間**」または、「**ベクトル空間**」と呼びます。

○○空間と言っても集合のことです。

"あるもの"が線形空間であるためには、次の2つの条件を満たす必要があります。

1. 集合である
2. "和（差）"と"実数倍（スカラー倍）"の演算ルールがある　　…※

スカラー倍と言うと難しそうだけど、
実数倍のことか…ということは、
2倍とか3倍にするって意味だね。

まず、1. については、どんな集合でも構いません。有限集合でも無限集合でもありです。

後述しますが『一定の条件を満たす』というただし書きが必要です。今後は、ある集合を $\mathbb{R}$（または $\mathbb{C}$）で表すことにします。$\mathbb{R}$ は、Real Number（実数）の頭文字の R を、$\mathbb{C}$ は、Complex number（複素数）の頭文字の C を意味しています。

へぇ、おしゃれな書体は「集合」を表して
いたんですね。

2.　は集合$\mathbb{R}$に対しての演算ルールです。

・交換法則が成り立つ

$$\vec{a} + \vec{b} = \vec{b} + \vec{a}$$

・結合法則が成り立つ

$$(\vec{a} + \vec{b}) + \vec{c} = \vec{a} + (\vec{b} + \vec{c})$$

・ゼロ元と逆元が存在する

$\vec{a} + O = \vec{a}$　となる　O（零ベクトル）が存在する

$\vec{a} + \vec{X} = O$　となる　$\vec{X}(= -\vec{a})$が唯一存在する

・分配法則が成り立つ

α，βをスカラーとしたとき

$$(\alpha + \beta)\vec{a} = \alpha\vec{a} + \beta\vec{a}$$
$$\alpha(\vec{a} + \vec{b}) = \alpha\vec{a} + \alpha\vec{b}$$
$$1\vec{a} = \vec{a}$$
$$\alpha(\beta\vec{a}) = (\alpha\beta)\vec{a}$$

とスカラー倍の順序を変えても結果は変わりません。

以上、いずれも今まででどこかで学習してきた計算ルールですね。

さて、**ベクトルの成分が実数である線形空間を実線形空間**$\mathbb{R}$（実ベクトル空間）といい、**ベクトルの成分に虚数を含む線形空間を複素線形空間**$\mathbb{C}$（複素ベクトル空間）などと呼びます。しつこいですがいずれも**集合**のことです。

2次元平面での実線形空間を$\mathbb{R}^2$、複素線形空間を$\mathbb{C}^2$などとも表します。

$\mathbb{R}^2$、$\mathbb{R}^3$、$\mathbb{R}^n$など一見難しそうな記号に見えるかもしれませんが、2次元（xy平面）、3次元（xyz空間）、n次元などを意味しています。単純な意味ですので安心してくださいね。

また、$a \in \mathbb{R}^n$ と書いてあったら、a は実線形空間 $\mathbb{R}^n$ に含まれる要素の一つを意味します。$\in$ の向きだけ気を付けてください。

a は $\mathbb{R}^n$ の要素ってことだね。
(a is an element of $\mathbb{R}^n$)

element って成分とか要素って意味の単語でしたね。
そういえば、Element の頭文字の E に $\in$ が似ているから、
「a は $\mathbb{R}^n$ の Element」って覚えればいいかな。

ここからは、n 次元、$\mathbb{R}^n$ で話を進めていきましょう。と言われると、

え〜いきなり n 次元…。

と思われるかもしれませんが、n 次元で進めることで $n=2$ とすれば2次元、$n=3$ とすれば3次元…と全てに応用できますので、お付き合いください。

まず、線形空間の簡単な例をいくつか紹介しましょう。先ほどの線形空間を満たす条件(96ページ)を思い出しながら読み進めてください。

ベクトル
平面上であっても空間であっても、和(差)・実数倍や結合法則・分配法則が成り立ちましたね。線形空間です。

n 個からなる実数
当然ですが、和・実数倍などが成り立ちますので、線形空間ですし、実数を複素数に置き換えても成り立ちますので、線形空間です(この場合は複素線形空間です)。

行列
$i \times j$ 行列の集合は線形空間ですね。

多項式

実数を係数とする n 次式

$$a_0 x^n + a_1 x^{n-1} + a_2 x^{n-2} + \cdots + a_n x^0$$

$n=2$ とすれば2次式ってことね。

意外かもしれませんが、多項式どうしでの和や差・実数倍などが成り立ちますね。これも線形空間の一つです。多項式空間とでも呼びましょう。

1次関数なども、平面や空間の中に直線を引くから、線形空間か。

「ベクトル」は、平面や空間内の2点をつなぐ矢印。「n個からなる実数」は、たくさんの実数が空間内に点在しているイメージかな。「行列」は、空間内にたくさんの点が並んでる感じかなあ。どれも線形空間なのが、納得いくわ。
そういえば、グラフィックデザインでは、空間の中に幾何学的な図形をたくさん入れて画面を表現するなあ。グラフと何か関係あるのかな。

「グラフィック(graphic)」という言葉は、「図式による・生き生きとした」という意味です。
数学で使われる「書く・描く」という意味合いの言葉、「グラフ(graph)」が形容詞化・名詞化した言葉です。
また、コンピュータの「プログラム(program)」という言葉も、「書く・描く」という意味の「グラム(gram)」という言葉の派生形です。「gram」に、「前に」という意味を表す「プロ(pro)」が付いて、「前もって書くもの」という意味を持つ言葉になりました。

数学の「グラフ」と、「グラフィックデザイン」、パソコンの「プログラム」という言葉につながりがあったなんて！

2乗すると（－1）となってしまう数i

先ほど出てきました複素数について、簡単に説明しておきましょう。

2次方程式を解くとき、$x^2-1=0$の解は、$x=\pm1$ですね。では、$x^2+1=0$の解は、と聞かれた中学生は困ってしまいます。なぜなら、$x^2=-1$となるxの存在を知らないからです。

> x^2のxが1の場合、$x^2=1\times1=1$だし、
> x^2のxが（－1）の場合、$(-1)^2=(-1)\times(-1)=1$…
> どうやったって$x^2=-1$になんてならないよね。

そこで、中学校までは『解なし』と処理していましたが、月旅行が新婚旅行の選択肢の一つとなっている現代において、2次方程式の解がないことを人類が許すはずがありません。

> えぇっ…
> そうなの…!?

そこで、『2乗すると"－1"となる数を作ってしまえ！』ということで、iという虚数単位なるものを発明します。

> すげー…常識のはるか上を行く発想だ…

$i^2=-1$すなわち、$i=\sqrt{-1}$です。
この一つの発明で2乗すると負の数となる全ての数を表現できることになります。

$$x^2=-4\text{の解は、}x=\pm\sqrt{-4}=\pm(\sqrt{4}\times\sqrt{-1})=\pm2i$$
$$x^2=-3\text{の解は、}x=\pm\sqrt{-3}=\pm(\sqrt{3}\times\sqrt{-1})=\pm\sqrt{3}\,i$$

などのようにです。

このiを含む$a+bi$で表される数を複素数と呼びます。
複素数の集合は、もちろん前述の条件を満たしていますので、線形空間です。
虚数を発見したのは、イタリアの数学者カルダノで16世紀中頃のことです。
虚数単位であるiを導入したのは、18世紀末にオイラーによるものとされています。

Section 2　線形空間での１次独立・１次従属 ……………………

　１次独立と１次従属について復習しておきましょう。まず、ベクトルは前の Section にあるように線形空間です。すなわち、どんなベクトルも互いに線形独立（平行ではない）な2本のベクトルの線形結合（実数倍や和（差）の形）で表すことができます。すなわち、線形独立な $\vec{x}$、$\vec{y}$ において、$a\vec{x}+b\vec{y}$ の形にしたもので表せるということです。

　単に線形独立を平行でないベクトルと言い切ってしまうと、少々数学を専門に勉強されている方々からお叱りの言葉が聞こえてきますが、直感的にとらえるとして、良しとしてください。

正確には、零ベクトルでない $\vec{x}$、$\vec{y}$ が、 **１次独立（線形独立）であるとは**

$$a\vec{x} + b\vec{y} = \vec{0} \qquad ならば必ず \quad a = b = 0$$

と定めます。もし、「ある2つのベクトルが線形独立か？」と聞かれたら、上の条件を満たすかを示せば OK です。

> ０を掛けて加えたら０になる。当たり前よね。

　定期試験などで、次の2つのベクトルは１次独立であることを示しなさい、と問われたとします。

$$\vec{x} = \begin{pmatrix} 1 \\ 0 \end{pmatrix}, \quad \vec{y} = \begin{pmatrix} 0 \\ 1 \end{pmatrix}$$

$$a\vec{x} + b\vec{y} = a\begin{pmatrix} 1 \\ 0 \end{pmatrix} + b\begin{pmatrix} 0 \\ 1 \end{pmatrix} = \begin{pmatrix} a \\ 0 \end{pmatrix} + \begin{pmatrix} 0 \\ b \end{pmatrix} = \begin{pmatrix} a \\ b \end{pmatrix} = \vec{0}$$

　このとき、$a = b = 0$ ですね。

したがって、$\vec{x} = \begin{pmatrix} 1 \\ 0 \end{pmatrix}$ と $\vec{y} = \begin{pmatrix} 0 \\ 1 \end{pmatrix}$ は１次独立です。

と答えれば、正解です！

$a\vec{x}+b\vec{y}=\vec{0}$ になることを
示せばいいということか。簡単じゃん！

逆に、1次独立でない時ってどんな時なの？
$0\times\vec{x}=\vec{0}$にならないことなんて、あるのかな…

1次独立でない例を一つ挙げてみましょう。

$\vec{x}=\begin{pmatrix}1\\2\end{pmatrix}$、$\vec{y}=\begin{pmatrix}2\\4\end{pmatrix}$としてみましょう。

$$a\vec{x}+b\vec{y}=a\begin{pmatrix}1\\2\end{pmatrix}+b\begin{pmatrix}2\\4\end{pmatrix}=\begin{pmatrix}a\\2a\end{pmatrix}+\begin{pmatrix}2b\\4b\end{pmatrix}=\begin{pmatrix}a+2b\\2a+4b\end{pmatrix}=\vec{0}$$

$a+2b=0$、$2a+4b=0$

あれ、同じ式…この2つの式を満たす$a,\ b$は無限に存在してしまいますね。

このとき、$a=b=0$とはなりません。

そっか！そのパターンがあった！

$a=2$, $b=-1$でも $a\vec{x}+b\vec{y}=\vec{0}$ になる！

したがって、$\vec{x}=\begin{pmatrix}1\\2\end{pmatrix}$、$\vec{y}=\begin{pmatrix}2\\4\end{pmatrix}$は1次独立ではありません。線形従属といいました。1次独立でない場合を1次従属といいます。
図形的な意味で考えていきましょう。

　平面の場合で、1次独立は「2つのベクトルが平行でない」、1次従属は「2つの
ベクトルが平行である」状態でしたね。図で表すと次のようなイメージでした（85ペー
ジ）。

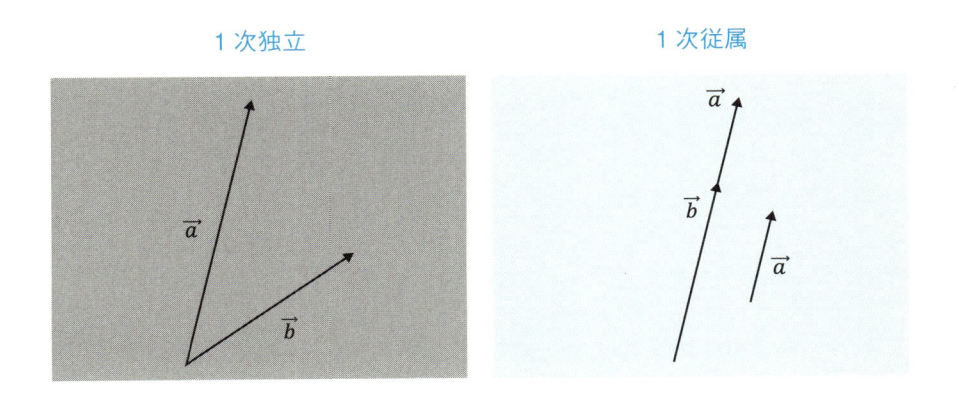

　空間の場合だと、1次独立は「3つのベクトルが同じ平面上にない」、1次従属は「3
つのベクトルが同じ平面上にある」状態で、次のようなイメージです。

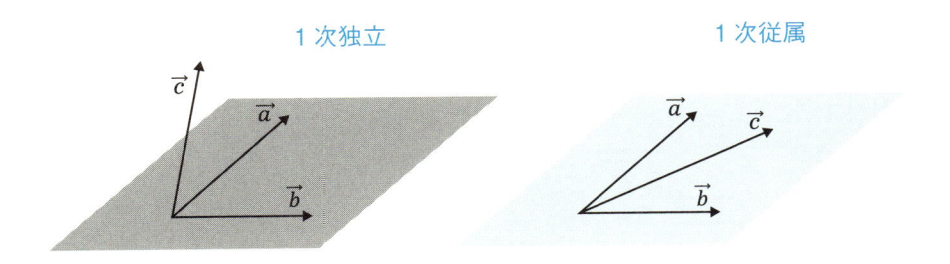

　さて、86ページで説明したx軸とy軸に平行な単位ベクトル$\vec{e_1}$, $\vec{e_2}$を用いて、xy
平面上の$\overrightarrow{OP}$を以下のように表しました。

$$\overrightarrow{OP} = a\vec{e_1} + b\vec{e_2}$$

この$\vec{e_1}$, $\vec{e_2}$を次のように成分表示することができます。ここでは、行ベクトルでは
なく、列ベクトルで表しましょう。特別な意味はありません。

$\vec{e_1} = \begin{pmatrix} 1 \\ 0 \end{pmatrix}$, $\vec{e_2} = \begin{pmatrix} 0 \\ 1 \end{pmatrix}$です。この2つのベクトルを使うと$xy$平面上の全てのベクトル

は実数倍と和（差）で表すことができます。

例えば、$\begin{pmatrix} 5 \\ 3 \end{pmatrix}$ は、$\begin{pmatrix} 5 \\ 3 \end{pmatrix} = 5 \times \begin{pmatrix} 1 \\ 0 \end{pmatrix} + 3 \times \begin{pmatrix} 0 \\ 1 \end{pmatrix}$

また、任意のベクトル $\begin{pmatrix} x \\ y \end{pmatrix}$ は、$\begin{pmatrix} x \\ y \end{pmatrix} = x \times \begin{pmatrix} 1 \\ 0 \end{pmatrix} + y \times \begin{pmatrix} 0 \\ 1 \end{pmatrix}$ といった具合です。

これらの右辺の式を 1次結合、または 線形結合 と言います。

そして、$\begin{pmatrix} 1 \\ 0 \end{pmatrix}, \begin{pmatrix} 0 \\ 1 \end{pmatrix}$ を基底ベクトル と呼びます。

そうか、1次結合は成分を2つに分割するイメージかな。基底ベクトルは、x 軸と y 軸に1ずつ進むベクトルってことか。（2次元の場合）

この基底ベクトルを使って、あるベクトルが次のように表されたとします。

$$x \times \begin{pmatrix} 1 \\ 0 \end{pmatrix} + y \times \begin{pmatrix} 0 \\ 1 \end{pmatrix} = \begin{pmatrix} 0 \\ 0 \end{pmatrix}$$

この時、$x = y = 0$ であることは容易に分かります。$\begin{pmatrix} 1 \\ 0 \end{pmatrix}$ と $\begin{pmatrix} 0 \\ 1 \end{pmatrix}$ は 1次独立なベクトル（平行ではない）であると言います。線形独立ですね。

では1次独立ではない場合は、どういう時かというと

$$x \times \begin{pmatrix} 5 \\ 0 \end{pmatrix} + y \times \begin{pmatrix} 1 \\ 0 \end{pmatrix} = \begin{pmatrix} 0 \\ 0 \end{pmatrix}$$

いかがですか。

これは、$x = 1, \ y = -5$ であれば成り立ちます。他にもいろいろな $x, \ y$ の組み合わせがあります。この時、先ほどの Section であったように、$\begin{pmatrix} 5 \\ 0 \end{pmatrix}$ と $\begin{pmatrix} 1 \\ 0 \end{pmatrix}$ は、1次独立ではないので、別な表現として 1次従属なベクトル（平行である）であると言いました。

先の1次従属の図をもう一度見てください。

$\begin{pmatrix} 5 \\ 0 \end{pmatrix}$ と $\begin{pmatrix} 1 \\ 0 \end{pmatrix}$ は、平行なベクトルですね。一方、$\begin{pmatrix} 1 \\ 0 \end{pmatrix}$ と $\begin{pmatrix} 0 \\ 1 \end{pmatrix}$ は、平行ではありません。

さて、空間で考えてみましょう。1次独立なベクトルについてです。図のように3次元空間(xyz空間)で

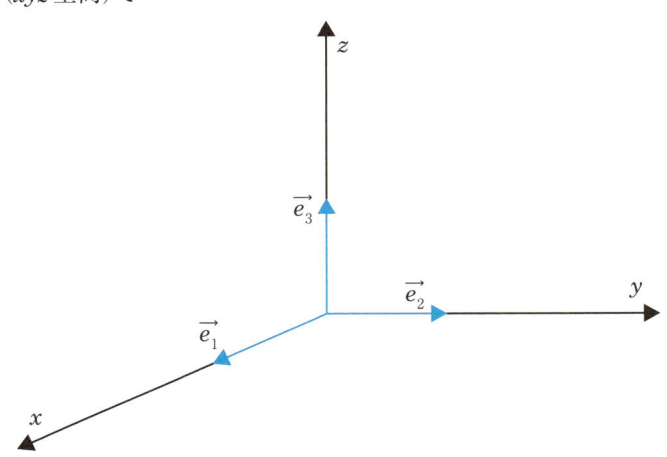

$$\vec{e_1}=\begin{pmatrix}1\\0\\0\end{pmatrix},\ \vec{e_2}=\begin{pmatrix}0\\1\\0\end{pmatrix},\ \vec{e_3}=\begin{pmatrix}0\\0\\1\end{pmatrix}$$ という単位ベクトルを考えます。

これが、基底ベクトルですが、1次独立なベクトル（同じ平面にはない）であることは明らかです。

では、1次従属とは

$$x\vec{e_1}+y\vec{e_2}+z\vec{e_3}=\begin{pmatrix}0\\0\\0\end{pmatrix}$$ を満たす $x=y=z=0$以外の $x,\ y,\ z$ が存在する

ということです。

へぇ、そんな規則があるのか…面白いな。

例えば、

$$x\begin{pmatrix}0\\2\\0\end{pmatrix}+y\begin{pmatrix}0\\1\\0\end{pmatrix}+z\begin{pmatrix}0\\0\\1\end{pmatrix}=\begin{pmatrix}0\\0\\0\end{pmatrix}$$ では、$x=1$, $y=-2$, $z=0$という値の時、この式は成り立ちます。

この場合は、3つのうち2つのベクトルが同一直線上にあります。

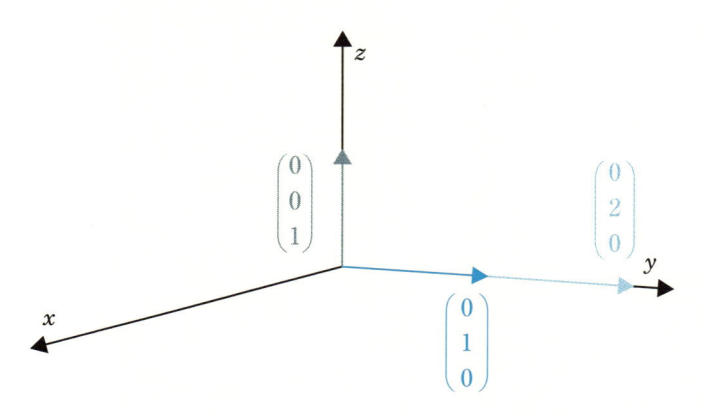

$\begin{pmatrix} 0 \\ 1 \\ 0 \end{pmatrix}$ と $\begin{pmatrix} 0 \\ 2 \\ 0 \end{pmatrix}$ が同一直線上にありますね。

同一直線上になくても、1次従属が成立する場合があります。

！？

$x\begin{pmatrix} 1 \\ 0 \\ 0 \end{pmatrix} + y\begin{pmatrix} 1 \\ 1 \\ 0 \end{pmatrix} + z\begin{pmatrix} 0 \\ 1 \\ 0 \end{pmatrix} = \begin{pmatrix} 0 \\ 0 \\ 0 \end{pmatrix}$ では、$x=1$, $y=-1$, $z=1$ という値の時、この式は成り立ちます。下の図を見てください。

あ！一つの平面上にベクトルが配置されてる！

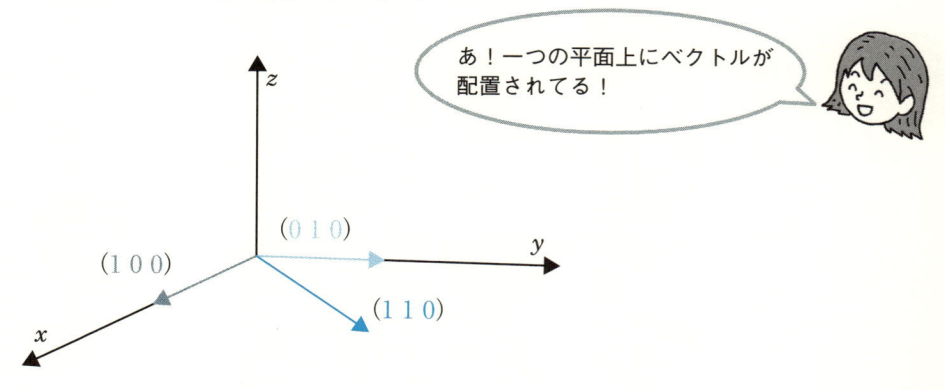

この3つのベクトルは、どれも同一直線上にありませんが、<u>同一平面上</u>にあることが分かりますか。1次従属です。

さて、1次独立と1次従属を線形空間としてもう一度、<u>定義</u>しておきましょう。

まず定義とは、「用語の意味をはっきり述べたもの」のことです。ある概念を導入する際に用いなくてはならない決まり事、ルールのようなものです。また、定理は定義から導き出されます。

例えば、円は「平面上で、ある定点から等距離にある点の集まり」で、球は「空間において、ある定点から等距離にある点の集まり」です。これが、"定義"です。円と球をごちゃまぜにはできませんね。

話を戻し、1次独立と1次従属を定義しておきましょう。線形空間での1次独立と1次従属を次のように定義します。

---

r個のベクトルの1次結合（和と実数倍で表すこと）について、

1次独立

$x_1\overrightarrow{a_1}+x_2\overrightarrow{a_2}+x_3\overrightarrow{a_3}+\cdots+x_r\overrightarrow{a_r}$ について、
$x_1\overrightarrow{a_1}+x_2\overrightarrow{a_2}+x_3\overrightarrow{a_3}+\cdots+x_r\overrightarrow{a_r}=\vec{0}$
となる $x_1,\ x_2,\ x_3,\ \cdots,\ x_r$ となる組み合わせが

$$\begin{pmatrix} x_1 \\ x_2 \\ x_3 \\ \vdots \\ x_r \end{pmatrix}=\begin{pmatrix} 0 \\ 0 \\ 0 \\ \vdots \\ 0 \end{pmatrix} \cdots※$$

のみしかないベクトルの組のこと。

1次従属

※の式で、$\begin{pmatrix} 0 \\ 0 \\ 0 \\ \vdots \\ 0 \end{pmatrix}$ 以外の組み合わせも考えられること。

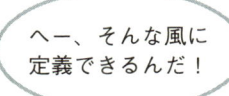

へー、そんな風に定義できるんだ！

107

少し表現が違っています。これは、空間でのベクトルだけの話ではなく、線形空間での条件を満たす全ての集合について定義したことによるものです。

Section 3　基底とは ··

さて、改めて線形空間での『基底』とは何かを説明しておきましょう。基底とは線形空間で1次独立であるベクトルの組のようなものです。ベクトル空間に基底が与えられれば、その空間の要素は必ず基底ベクトルの1次結合（和や差、実数倍）としてただ一通りに表すことができます。定義としてきちんと表現するならば、次のようになります。

> 基底とは、
> 線形空間の中にある全ての要素を
> $x_1\vec{e_1}+x_2\vec{e_2}+x_3\vec{e_3}+\cdots+x_n\vec{e_n}$ と1次結合の形に一通りに表すことができるとき、
> このベクトルの組を基底と言います。

分かりやすく言うと、基底とは、座標系を作る1次独立なベクトルの集合のことです。例えば、2次元（xy平面）でのベクトルだと必ず、

$$x_1\vec{e_1}+x_2\vec{e_2}$$

の形で表現できましたね。この2つのベクトル$\vec{e_1}$, $\vec{e_2}$の組は基底です。

3次元$\mathbb{R}^3$でしたら、大きさが"1"であるもの

$$\vec{e_1}=\begin{pmatrix}1\\0\\0\end{pmatrix},\ \vec{e_2}=\begin{pmatrix}0\\1\\0\end{pmatrix},\ \vec{e_3}=\begin{pmatrix}0\\0\\1\end{pmatrix}$$

などを**標準基底（標準基底ベクトル）**といいました。

n次元$\mathbb{R}^n$でしたら、

$$\vec{e_1} = \begin{pmatrix} 1 \\ 0 \\ 0 \\ \vdots \\ 0 \end{pmatrix}, \ \vec{e_2} = \begin{pmatrix} 0 \\ 1 \\ 0 \\ \vdots \\ 0 \end{pmatrix}, \ \vec{e_3} = \begin{pmatrix} 0 \\ 0 \\ 1 \\ \vdots \\ 0 \end{pmatrix}, \ \cdots$$

です。これらは扱いやすく使い勝手が良いですね。

$\vec{e_i} = \begin{pmatrix} 0 \\ 0 \\ 0 \\ \vdots \\ 1 \\ \vdots \\ 0 \end{pmatrix}$ とあったら、i 番目の成分が「1」でそれ以外は「0」のベクトルのことです。

> 3次元以上だったら、斜めに1が登場すると標準基底ベクトルになるってことか。

n 次元 $\mathbb{R}^n$ の行ベクトルの集合は線形空間であり、これからは **n 次行ベクトル空間** といいましょう。

さて、今まで何気なく使ってきた「次元」とは、標準基底ベクトルの個数といっても良いですね。

2次元での基底は、$\vec{e_1} = \begin{pmatrix} 1 \\ 0 \end{pmatrix}, \ \vec{e_2} = \begin{pmatrix} 0 \\ 1 \end{pmatrix}$ の2個。

3次元 $\mathbb{R}^3$ でしたら、$\vec{e_1} = \begin{pmatrix} 1 \\ 0 \\ 0 \end{pmatrix}, \ \vec{e_2} = \begin{pmatrix} 0 \\ 1 \\ 0 \end{pmatrix}, \ \vec{e_3} = \begin{pmatrix} 0 \\ 0 \\ 1 \end{pmatrix}$ の3個。

n 次元 $\mathbb{R}^n$ でしたら、$\vec{e_1} = \begin{pmatrix} 1 \\ 0 \\ 0 \\ \vdots \\ 0 \\ \vdots \\ 0 \end{pmatrix}, \ \cdots, \ \vec{e_n} = \begin{pmatrix} 0 \\ 0 \\ 0 \\ \vdots \\ 0 \\ \vdots \\ 1 \end{pmatrix}$ の n 個。

$\vec{e_n}$ は、n 番目の成分が「1」でそれ以外は「0」の行ベクトルです。

これまで、直交する基底であり大きさが"1"のものを使ってきましたが、別の基底の取り方(基底の変換)もあります。基底を決めるということは、実態をつかみにくいベクトル空間や線形写像を現実的に捉えやすい、また扱いやすい対象にできることですから、とても重要なことです。

Section 4 　大きさが1ではない基底の取り方 ･････････････････････

　2次元での例を挙げてみましょう。下の図のように、$\vec{c_1}=(3,\ 0)$, $\vec{c_2}=(1,\ 1)$ をとります。

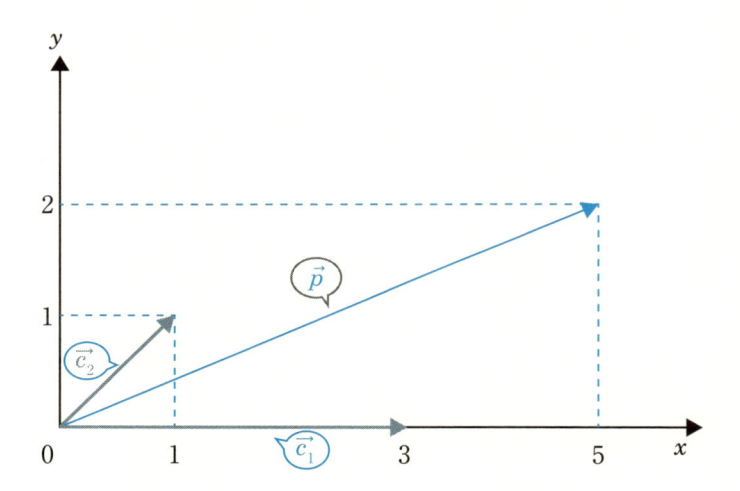

この2つのベクトルは、$\vec{c_1}\cdot\vec{c_2}\neq0$
すなわち内積が"0"でないことから、直交していませんし大きさも"1"ではないことは明らかですね。そして、$\vec{p}=\begin{pmatrix}5\\2\end{pmatrix}$ というベクトルを考えたとき、

$$\begin{pmatrix}5\\2\end{pmatrix}=1\times\begin{pmatrix}3\\0\end{pmatrix}+2\times\begin{pmatrix}1\\1\end{pmatrix}$$

すなわち、$\vec{p}=1\vec{c_1}+2\vec{c_2}$ と表すことができます。よって、$\vec{c_1}$ と $\vec{c_2}$ は、新しい基底ベクトルといえます。

$$\begin{pmatrix} 5 \\ 2 \end{pmatrix} = 5 \times \begin{pmatrix} 1 \\ 0 \end{pmatrix} + 2 \times \begin{pmatrix} 0 \\ 1 \end{pmatrix}$$

すなわち、$\vec{p} = 5\vec{e_1} + 2\vec{e_2}$ と表すこともできました。

これは、x 軸と y 軸の直交系座標で表していましたが、$\vec{p} = 1\vec{c_1} + 2\vec{c_2}$ は直交系でない別の座標系でも表せることを意味しています。

下の図の青い矢線で描かれたベクトルは3つとも同じベクトルですが、座標系の取り方によっては異なる表現ができるということです。

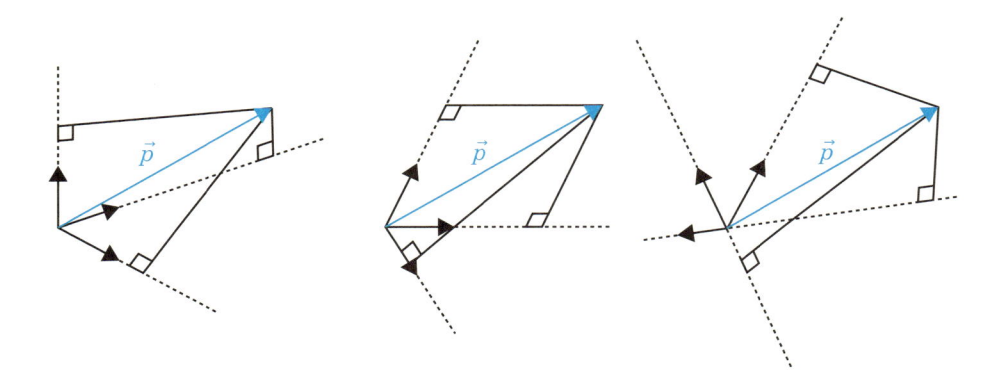

これは、$\vec{p}$ を元々の標準基底であった $\vec{e_1}$ と $\vec{e_2}$ ではなく、新しい $\vec{c_1}$ と $\vec{c_2}$ と別な基底でも表せることになったということです。これを線形座標変換とか基底変換と言います。簡単に言うと、目標となる $\vec{p}$ を全く別の基底で（1次独立である）違った表現にできたということです。上記の例以外にも基底の変換パターンは無数にあります。

> 同じ目的地に行くために、飛行機で別の空路でも行けるようなイメージかしら。

さて、話が少々くどくなりましたが、物理学ではよく使われる計算ですので、もう少しお付き合いください。

2次元ではなく、3次元で基底変換を一般化しておきましょう。

あるベクトル $\vec{p}$ が、標準基底ベクトル

$$\vec{e_1}=\begin{pmatrix}1\\0\\0\end{pmatrix},\ \vec{e_2}=\begin{pmatrix}0\\1\\0\end{pmatrix},\ \vec{e_3}=\begin{pmatrix}0\\0\\1\end{pmatrix}$$

で、

$\vec{p}=x\vec{e_1}+y\vec{e_2}+z\vec{e_3}$ また、$\vec{p}=x'\vec{c_1}+y'\vec{c_2}+z'\vec{c_3}$ とも表現できたとします。すなわち、

$$x'\vec{c_1}+y'\vec{c_2}+z'\vec{c_3}=x\vec{e_1}+y\vec{e_2}+z\vec{e_3}$$

とも書くことができますね。

右辺は、$\vec{e_1}=\begin{pmatrix}1\\0\\0\end{pmatrix},\ \vec{e_2}=\begin{pmatrix}0\\1\\0\end{pmatrix},\ \vec{e_3}=\begin{pmatrix}0\\0\\1\end{pmatrix}$ ですから、

$$x\vec{e_1}+y\vec{e_2}+z\vec{e_3}=\begin{pmatrix}1&0&0\\0&1&0\\0&0&1\end{pmatrix}\begin{pmatrix}x\\y\\z\end{pmatrix}$$

左辺を、

$$\vec{c_1}=(c_{1x},\ c_{1y},\ c_{1z}),\ \vec{c_2}=(c_{2x},\ c_{2y},\ c_{2z}),\ \vec{c_3}=(c_{3x},\ c_{3y},\ c_{3z})$$

とすれば、

$$\begin{pmatrix}c_{1x}&c_{2x}&c_{3x}\\c_{1y}&c_{2y}&c_{3y}\\c_{1z}&c_{2z}&c_{3z}\end{pmatrix}\begin{pmatrix}x'\\y'\\z'\end{pmatrix}=\begin{pmatrix}1&0&0\\0&1&0\\0&0&1\end{pmatrix}\begin{pmatrix}x\\y\\z\end{pmatrix}$$

と書けます。

さらに、左辺の正方行列の逆行列を左から掛けることで、

$$\begin{pmatrix}x'\\y'\\z'\end{pmatrix}=\begin{pmatrix}c_{1x}&c_{2x}&c_{3x}\\c_{1y}&c_{2y}&c_{3y}\\c_{1z}&c_{2z}&c_{3z}\end{pmatrix}^{-1}\begin{pmatrix}1&0&0\\0&1&0\\0&0&1\end{pmatrix}\begin{pmatrix}x\\y\\z\end{pmatrix}$$

「正方行列」とは、行数と列数が等しい行列のことです。この場合は、縦も横も3ですね。

右辺の単位行列を消してしまえば、

$$\begin{pmatrix} x' \\ y' \\ z' \end{pmatrix} = \begin{pmatrix} c_{1x} & c_{2x} & c_{3x} \\ c_{1y} & c_{2y} & c_{3y} \\ c_{1z} & c_{2z} & c_{3z} \end{pmatrix}^{-1} \begin{pmatrix} x \\ y \\ z \end{pmatrix}$$

逆行列 $\begin{pmatrix} c_{1x} & c_{2x} & c_{3x} \\ c_{1y} & c_{2y} & c_{3y} \\ c_{1z} & c_{2z} & c_{3z} \end{pmatrix}^{-1}$ も単位行列 $\begin{pmatrix} 1 & 0 & 0 \\ 0 & 1 & 0 \\ 0 & 0 & 1 \end{pmatrix}$ も

数字の1に似たものでした。元の座標を新しく変換できたことになります。

点の座標 (x, y, z) やベクトル $\begin{pmatrix} x \\ y \\ z \end{pmatrix}$ で表されていたものが新しい基底でどのよう

に表されるかを知りたい時は、基底を列ベクトルのように縦にして作った行列にし、その逆行列を両辺の左から掛ければ、わかるということになります。

Section 5 回転・拡大縮小 ●●●●●●●●●●●●●●●●●●●●●●●●●●●●●●●

今まで扱ってきたベクトルや行列は、その実体や本質がなかなか見づらかったりすることが多かったものを現実として計算できたり、見やすくするためのものだったのです。前のSectionで学習した"基底"に関する事柄も、実体を理解しにくいベクトル空間を現実として捉えやすくするために登場したと考えてください。

具体的にこの実体を捉えやすくするために、いくつか例を挙げてみましょう。

$\begin{pmatrix} 1 \\ 0 \end{pmatrix}$ という座標を表すベクトルに $\begin{pmatrix} 0 & -1 \\ 1 & 0 \end{pmatrix}$ という行列を左から掛けてみます。

$$\begin{pmatrix} 0 & -1 \\ 1 & 0 \end{pmatrix} \begin{pmatrix} 1 \\ 0 \end{pmatrix} = \begin{pmatrix} 0 \times 1 + (-1) \times 0 \\ 1 \times 1 + 0 \times 0 \end{pmatrix} = \begin{pmatrix} 0 \\ 1 \end{pmatrix}$$

$\begin{pmatrix} 1 \\ 0 \end{pmatrix}$ が $\begin{pmatrix} 0 \\ 1 \end{pmatrix}$ に変化しました。

これは、点A(1，0)が点B(0，1)に回転移動したとも言えますね。

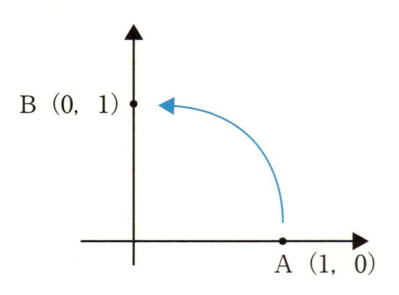

そうです。90°回転したのです。

2次元ベクトル空間において、ある点を原点中心の反時計回りに移動する行列(回転行列といいます)Xは、

$$X=\begin{pmatrix} \cos\theta & -\sin\theta \\ \sin\theta & \cos\theta \end{pmatrix}$$

で表せます。

90°反時計回りに回転させたいならば、

$$X=\begin{pmatrix} \cos90° & -\sin90° \\ \sin90° & \cos90° \end{pmatrix}$$

を左からかければOKということですね。

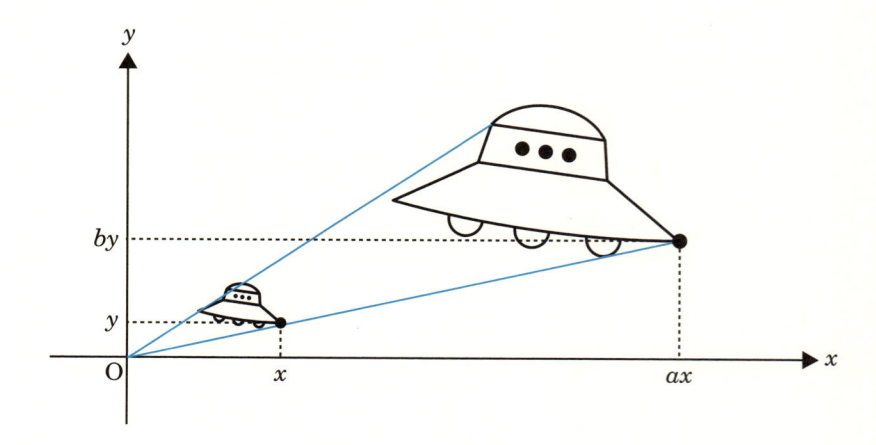

また、左下の図のように$\begin{pmatrix} x \\ y \end{pmatrix}$という座標を表すベクトルに$\begin{pmatrix} a & 0 \\ 0 & b \end{pmatrix}$という行列を左から掛けると、原点に関して$x$軸方向に$a$倍、$y$軸方向に$b$倍拡大（もしくは縮小）した点になります。

$$\begin{pmatrix} a & 0 \\ 0 & b \end{pmatrix}\begin{pmatrix} x \\ y \end{pmatrix} = \begin{pmatrix} ax+0 \\ 0+by \end{pmatrix} = \begin{pmatrix} ax \\ by \end{pmatrix}$$

$\begin{pmatrix} a & 0 \\ 0 & b \end{pmatrix}$を拡大縮小行列とも言います。

　図形上のすべての点を同じ拡大縮小行列を掛けると元の図形は拡大または縮小されます。

$\begin{pmatrix} 2 & 0 \\ 0 & \dfrac{1}{2} \end{pmatrix}$を左からかけると、$x$軸方向に2倍、$y$軸方向に$\dfrac{1}{2}$倍されます。

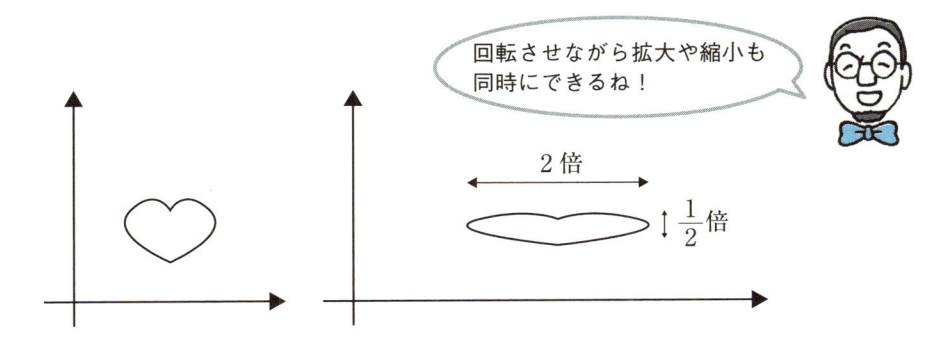

回転させながら拡大や縮小も同時にできるね！

2倍

$\updownarrow \dfrac{1}{2}$倍

いかがですか？少し具体化されましたか？

PC上で画像の拡大縮小をするときも、この行列が使われているのかな。

PCのソフトウェアでも、頻繁に使われていますよ。
画像処理や３次元データ処理などに…

行列がそんなになじみのあるものだったとは！

Chapter 9

実線形空間での内積と直交

新しい言葉がいろいろとでてきますが、辛抱してくださいね。

　今まで扱ってきた内積を「実線形空間」（虚数を扱わない実数のみで考えた線形空間）で考えていきます。少しだけ表記の方法が違いますが、大きく変わりはありませんので、前に学習した復習くらいの気持ちで臨んでください。

新しい言葉がまた出てくるのかー　わくわくしてきました！

まじか…俺にとっては苦行でしかない…

まあまあそう言わずに…　あ、それでは、より分かりやすくするために、たとえ話も交えつつご紹介していきましょう。

Section 1　内積の条件と計量線形空間 ∙∙∙∙∙∙∙∙∙∙∙∙∙∙∙∙∙∙∙∙∙∙∙∙∙

　実線形空間 $\mathbb{R}$ で、その中から任意の（特別な選び方をせずに無作為に選ぶこと）$\vec{a}$, $\vec{b}$ に対して、実数 $(\vec{a}, \vec{b})$ が定まり、かつ次の4つの条件をすべて満たすとき、$(\vec{a}, \vec{b})$ を $\vec{a}$ と $\vec{b}$ の内積といいます。

❶ 交換法則が成り立つ

$$(\vec{a}, \vec{b}) = (\vec{b}, \vec{a})$$

❷ 分配法則が成り立つ

$$(\vec{a_1} + \vec{a_2}, \vec{b}) = (\vec{a_1}, \vec{b}) + (\vec{a_2}, \vec{b})$$

❸ 実数倍（スカラー倍）の順序を問わない

$$(k\vec{a}, \vec{b}) = k(\vec{a}, \vec{b})$$

❹ 同じベクトル同士の内積は正の値となる

$$(\vec{a}, \vec{a}) \geqq 0 \quad 等号は \vec{a} = \vec{0} の時のみ成立$$

上のように、内積が定義されたベクトル空間を「内積空間」あるいは「計量空間」と呼びます。しつこいようですが、内積空間とは集合のことです。

　任意のベクトル $\vec{a}$ に対して、

$$\sqrt{(\vec{a}, \vec{a})}\ をベクトルの大きさといい、\ |\vec{a}|\ と表しましょう。$$

すなわち、$\sqrt{(\vec{a}, \vec{a})} = |\vec{a}| = \sqrt{a_1^2 + a_2^2 + a_3^2 + \cdots + a_n^2}$ です。

また、この大きさの計算は次のような性質を持っています。

❶ $|\vec{a}| \geqq 0$

❷ $|k\vec{a}| = k|\vec{a}| \quad k$ は任意の実数

❸ $|\vec{a} + \vec{b}| \leqq |\vec{a}| + |\vec{b}|$

❹ $|(\vec{a}, \vec{b})| \leqq |\vec{a}||\vec{b}|$

うーん、式だけだと、いまいちピンとこないなあ…

次の Section2 で、具体的にご説明しますよ。

❸は「三角不等式」、❹は「コーシー・シュワルツの不等式」、と呼ばれる有名かつ重要なものです。

また、全ての線形空間で内積の計算ができるとは限りません。線形空間の中でも、内積が定義されているものを、計量線形空間と呼びます。

Section 2 三角不等式とコーシー・シュワルツの不等式 ……

まず三角不等式。

$$|\vec{a}+\vec{b}| \leqq |\vec{a}| + |\vec{b}| \quad \cdots ①$$

これは、ある地点Oからある地点Pまで行くときの最短距離は、まっすぐ行く方が角を曲がって行くより距離が短いというごく当たり前のことを式にしたものです。

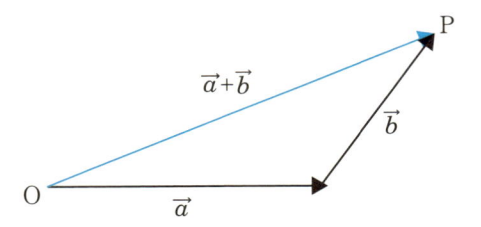

図のようにOから地点Pまで行くのに、$\vec{a}$ で進み $\vec{b}$ に乗り換えて進むより、青矢線のようにまっすぐ $\vec{a}+\vec{b}$ という行き方が距離は短いですね。

❸はこういうことだったのか！

ということは、そのベクトルの大きさで考えた $|\vec{a}+\vec{b}|$, $|\vec{a}|$, $|\vec{b}|$ であっても成り立ちます。

次にこのことから、以下も導きだせます。

$$|\vec{a}-\vec{b}| \geqq |\vec{a}| - |\vec{b}| \cdots ②$$

＋で性質が成り立つなら、－でも同じように成り立つっていうこと？
でも、不等号の向きが逆だ！

まず証明しておきましょうね。

ホントだ！

三角不等式①より、$\vec{a}+\vec{b}=\vec{c}$ とし代入します。

$$|\vec{c}| \leqq |-\vec{b}| + |\vec{b}|$$
$$|\vec{c}| - |\vec{b}| \leqq |\vec{c}-\vec{b}|$$

②と比較して、式の構造が一致しましたから証明終わりです。

－（マイナス）だと不等号の向きに気をつけなきゃ！

例えば右図のようにした場合、

$$|\vec{c}| \leqq |\vec{c}-\vec{b}| + |\vec{b}|$$

$$\begin{pmatrix} 5 \\ 2 \end{pmatrix} \leqq \begin{pmatrix} 3 \\ 0 \end{pmatrix} + \begin{pmatrix} 2 \\ 2 \end{pmatrix} \text{ となります。}$$

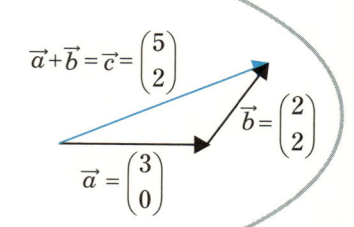

$$\vec{a}+\vec{b}=\vec{c}=\begin{pmatrix} 5 \\ 2 \end{pmatrix}$$

$$\vec{b}=\begin{pmatrix} 2 \\ 2 \end{pmatrix}$$

$$\vec{a}=\begin{pmatrix} 3 \\ 0 \end{pmatrix}$$

さて、n 個の実数を並べた「n 次元数線形空間」にある2つのベクトル

$$\vec{a}=(a_1, a_2, a_3, \cdots, a_n) \text{ と } \vec{b}=(b_1, b_2, b_3, \cdots, b_n)$$

で次の計算ルールを定めると、これは内積の条件を満たすので内積と言えます。

$$(\vec{a}, \vec{b}) = a_1 b_1 + a_2 b_2 + a_3 b_3 + \cdots + a_n b_n$$

また、❹のコーシー＝シュワルツの不等式 $|(\vec{a}, \vec{b})| \leqq |\vec{a}||\vec{b}|$ から内積の絶対値を外して式を変形することで、線形空間内のベクトル $\vec{a}$ と $\vec{b}$ がともに零ベクトルでない場合において、次の不等式が成り立ちます。

$$-1 \leqq \frac{(\vec{a}, \vec{b})}{|\vec{a}||\vec{b}|} \leqq 1 \qquad \cdots ※$$

$|(\vec{a}, \vec{b})|$ は内積で、$|\vec{a}|$ と $|\vec{b}|$ はベクトルの大きさで…。
そうか、確かに❹のコーシー＝シュワルツの不等式
$|(\vec{a}, \vec{b})| \leqq |\vec{a}||\vec{b}|$ を代入すると、
$\dfrac{(\vec{a}, \vec{b})}{|\vec{a}||\vec{b}|} \leqq 1$ になるな。

でも、なぜ−1から1までなの？

どうして、範囲が−1から1までかというと、77ページでやったように、内積の計算で「$\cos\theta$」を使っていたことに由来します。ここで θ は、$\vec{a}$ と $\vec{b}$ のなす角と言いました。

なす角とは、

$$\cos\theta = \frac{(\vec{a}, \vec{b})}{|\vec{a}||\vec{b}|}$$

π は円周率ですか？

満たす θ $(0 \leqq \theta \leqq \pi)$ のことです。

まだ習ってなかったね。後で説明しよう。

内積の値が0のとき、2つのベクトルのなす角は90°だったね。

必ず、※が成り立つのか、簡単な例を挙げましょう。

平面で、$\vec{a} = (1, -1)$，$\vec{b} = (-2, 1)$ とします。

$(\vec{a}, \vec{b}) = -2 - 1 = -3$，$|\vec{a}| = \sqrt{2}$，$|\vec{b}| = \sqrt{5}$

$$\frac{-3}{\sqrt{2} \times \sqrt{5}} = -\frac{3}{\sqrt{10}} \quad -1 \leqq -\frac{3}{\sqrt{10}} \leqq 1 \text{です。}$$

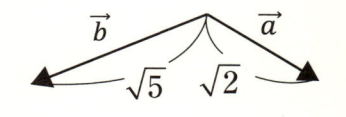

空間でも

$\vec{a} = (1, 1, 2)$，$\vec{b} = (-2, -1, 1)$ とします。

$(\vec{a}, \vec{b}) = -2 - 1 + 2 = -1$

$|\vec{a}| = \sqrt{6}$，$|\vec{b}| = \sqrt{6}$

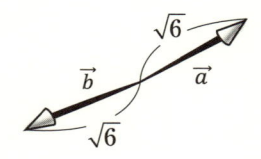

$$\frac{-1}{\sqrt{6} \times \sqrt{6}} = -\frac{1}{6} \quad -1 \leqq -\frac{1}{6} \leqq 1 \text{ですね。}$$

本当だ！具体的な数を当てはめてみると良く分かりますね。

高校の数学では、ベクトルの大きさやなす角から内積を導く『大きさとなす角あ りき⇒内積』でしたが、線形空間ではまず内積の値があってからのベクトルの大き さとなす角がある『内積ありき⇒大きさとなす角』というイメージです。

新しい角度ラジアン

これまでは、円一周を 360° とする度数法を用いてきましたが、新しい角の表し方があります。

下の図のように、半径1の円でその半径と同じ長さを円弧にとってできる扇形の中心角を1ラジアン（radian，記号；rad）と決めます。通常ラジアン（rad）は省略し書きません。

さて、半径は1でなくても下の図のようにその扇形は全て相似形ですので、その中心角は等しく全て1ラジアンであることは明らかです。

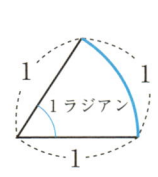 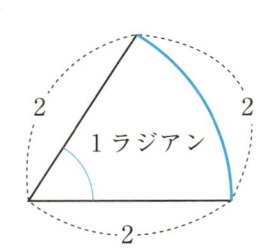 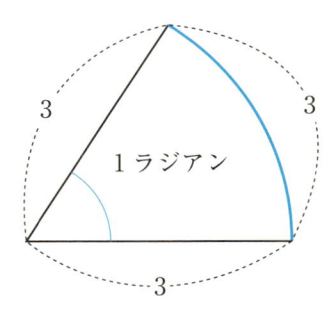

特に、半円（180°）をその円周の長さを考え、ラジアンで表してみると、

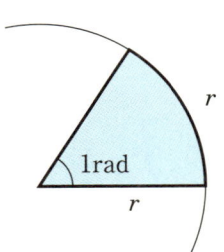 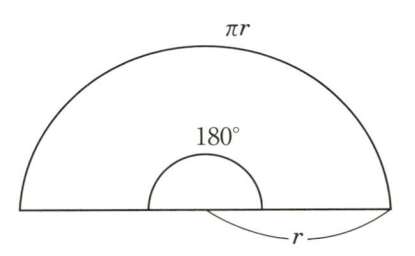

半径 r で、円弧 r の中心角は1ラジアン　　半径 r で、円弧 πr の中心角は 180°

$$1 : 180° = r : \pi r$$
$$\pi r = 180° r$$

よって、半径 r に関係なく、
$$\pi (\text{rad}) = 180°$$

であることが分かります。$1° = \dfrac{\pi}{180}$ (rad)，1 (rad) $= \dfrac{180°}{\pi} \fallingdotseq 57.3°$ です。

すなわち、本文中にあった $0 \leqq \theta \leqq \pi$ は、$0° \leqq \theta \leqq 180°$ を意味しています。なぜ新しい角の表現方法が必要かというと、ラジアンを使用することで三角関数の極限やさらに微分積分が初めて可能となるからです。

ラジアンを使用しても、角度が3次元、4次元、n 次元でも表現できます。
なにかと便利なので、ラジアンというものが生まれたのですね。

半周（180°）を π ラジアンとしましたね。

半周の半分の90° は、$\dfrac{1}{2}$ ですから $\dfrac{1}{2}\pi$ ラジアン

さらにその半分は45° ですから $\dfrac{1}{4}\pi$ ラジアン

90° の $\dfrac{1}{3}$ である30° は、$\dfrac{1}{2}\pi$ の $\dfrac{1}{3}$ ですから $\dfrac{1}{6}\pi$ ラジアンなどと下の図のように考えると感覚として捉えやすいかもしれませんね。

度数法とラジアンの対応（ラジアンは省略）

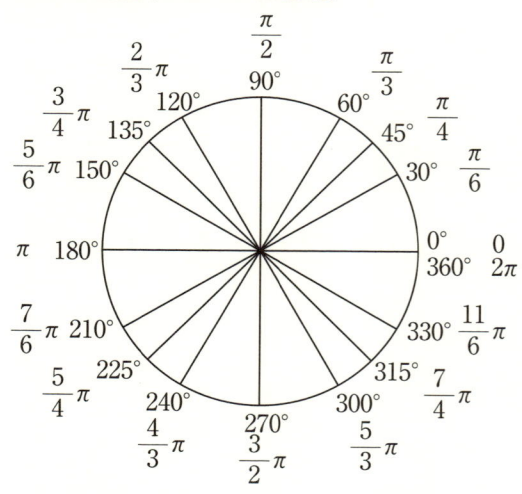

Section 3 ベクトルの直交とグラム・シュミットの直交化法 …

さて、内積の計算結果が"0"となるときは2つのベクトルのなす角が90°、直交していることを意味していました。なぜなら、内積計算で$(\vec{a}, \vec{b}) = |\vec{a}||\vec{b}|\cos\theta$で、$\cos 90° = 0$だから右辺は"0"になりますね。

線形空間Uの中にある$\vec{a}, \vec{b}$に対しても、$(\vec{a}, \vec{b}) = 0$ならば、$\vec{a}, \vec{b}$は、互いに直交するといいます。

また、線形空間Uの中にあるr個のベクトル$\vec{a_1}, \vec{a_2}, \vec{a_3}, \cdots, \vec{a_r}$について、どんな異なる2ベクトルを選んでも互いに直交するならば、$\vec{a_1}, \vec{a_2}, \vec{a_3}, \cdots, \vec{a_r}$を直交系であるといいます。基底とは、2次元の場合$\vec{e_1} = \begin{pmatrix} 1 \\ 0 \end{pmatrix}, \vec{e_2} = \begin{pmatrix} 0 \\ 1 \end{pmatrix}$のことでしたね。

ベクトルの向きをそのままにして、大きさを1（単位ベクトル）にする処理のことを正規化といいました。基底の中に含まれているベクトルが大きさが1で互いにすべて直交し合う基底を正規直交基底といいます。ただ、111ページであったように基底はいつも直交してはいませんでした。そこで扱いやすい、正規直交基底を作る際に『グラム・シュミットの直交化法』というものがあります。直交していない基底から直交する基底を作る方法です。

一般的にはn次元ベクトル空間での話ですが、馴染みのある3次元空間ベクトルの場合で解説していきましょう。

$\vec{a_1}$と$\vec{a_2}, \vec{a_3}$をグラム・シュミットの直交化を用いて、正規直交基底$\vec{u_1}$と$\vec{u_2}, \vec{u_3}$を作ってみましょう。$\vec{a_1}$と$\vec{a_2}, \vec{a_3}$は、同一平面上にはない1次独立なベクトルとします。

例えば、下の図のような感じです。

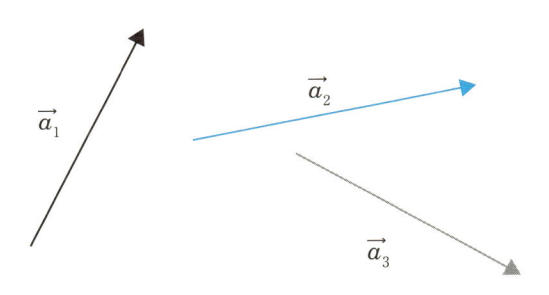

方向はバラバラで、同一平面上にないことに注意してください。
とりあえず、始点をくっつけます。

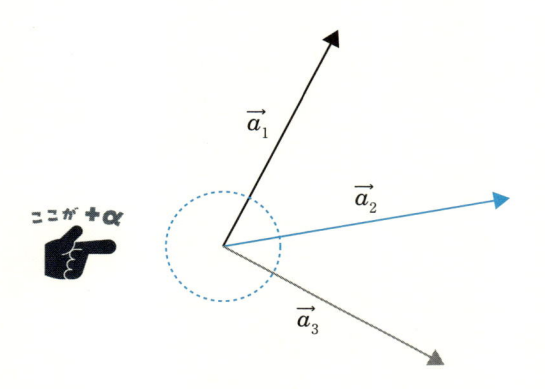

1本目の $\vec{u}_1$ は、$\vec{a}_1$ とします。たったこれだけです。

2本目の $\vec{u}_2$ は、$\vec{a}_2 - \dfrac{(\vec{a}_2\ ,\ \vec{u}_1)}{(\vec{u}_1\ ,\ \vec{u}_1)}\vec{u}_1$ で求められます。

あらら、大変な式。と思うかもしれませんね。

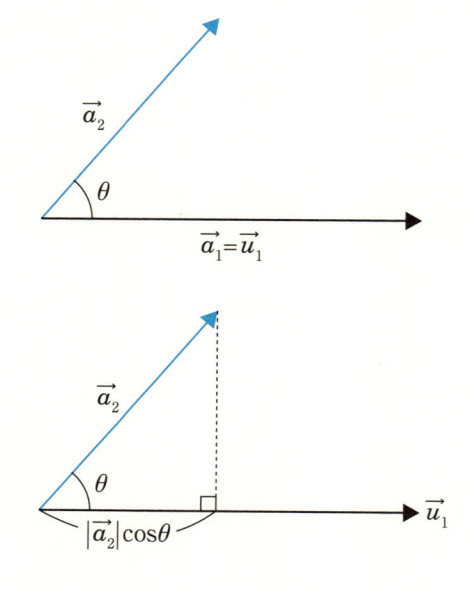

次に、$\dfrac{(\vec{a_2}\,,\,\vec{u_1})}{(\vec{u_1}\,,\,\vec{u_1})}\vec{u_1}$ の部分ですが、

$$\frac{(\vec{a_2}\,,\,\vec{u_1})}{(\vec{u_1}\,,\,\vec{u_1})}\vec{u_1}=\frac{|\vec{a_2}|\,|\vec{u_1}|\cos\theta}{|\vec{u_1}|^2}\vec{u_1}=|\vec{a_2}|\cos\theta\frac{1}{|\vec{u_1}|}\vec{u_1}=|\vec{a_2}|\cos\theta\frac{\vec{u_1}}{|\vec{u_1}|}$$

$|\vec{a_2}|\cos\theta$ は、先ほどの垂線の足までの長さ(スカラー量)、$\dfrac{\vec{u_1}}{|\vec{u_1}|}$ は $\vec{u_1}$ と方向が同じで大きさが1のベクトルですね。つまり、下の三角形の図から

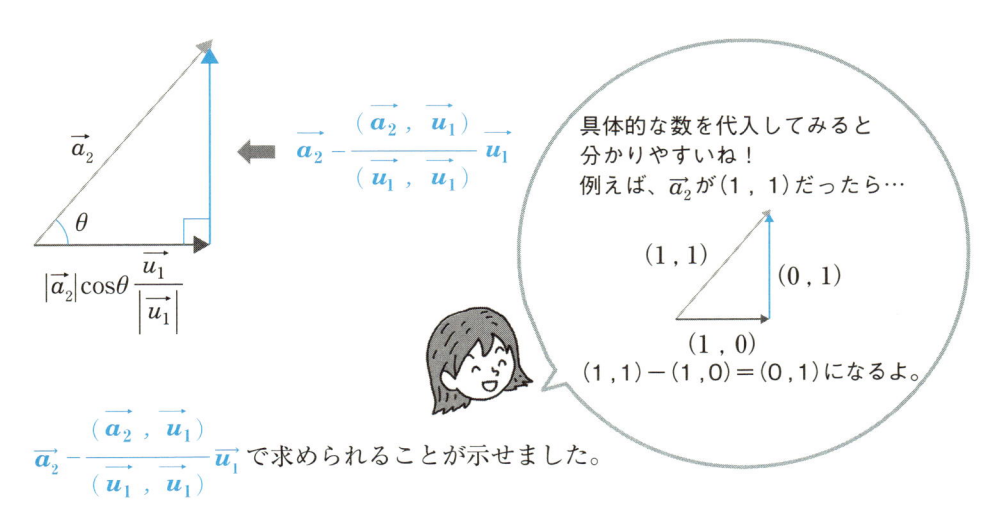

具体的な数を代入してみると分かりやすいね！
例えば、$\vec{a_2}$ が $(1,1)$ だったら…
$(1,1)$ $(0,1)$ $(1,0)$
$(1,1)-(1,0)=(0,1)$ になるよ。

$\vec{a_2}-\dfrac{(\vec{a_2}\,,\,\vec{u_1})}{(\vec{u_1}\,,\,\vec{u_1})}\vec{u_1}$ で求められることが示せました。

最後に、3本目も同様に $\vec{u_3}$ も作ってみましょう。

$$\vec{a_3}-\left(\frac{(\vec{a_3}\,,\,\vec{u_1})}{(\vec{u_1}\,,\,\vec{u_1})}\vec{u_1}+\frac{(\vec{a_3}\,,\,\vec{u_2})}{(\vec{u_2}\,,\,\vec{u_2})}\vec{u_2}\right)$$ で求めます。

何だこの複雑な式…
解く気しないな…

2本目より大変？そんなことはありません。手順は同じで、垂線を下ろします。

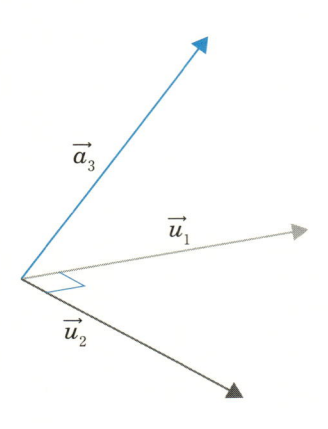

$\overrightarrow{u_1}$ と $\overrightarrow{u_2}$ は直交していますね。それぞれに $\overrightarrow{a_3}$ から垂線を下ろします。

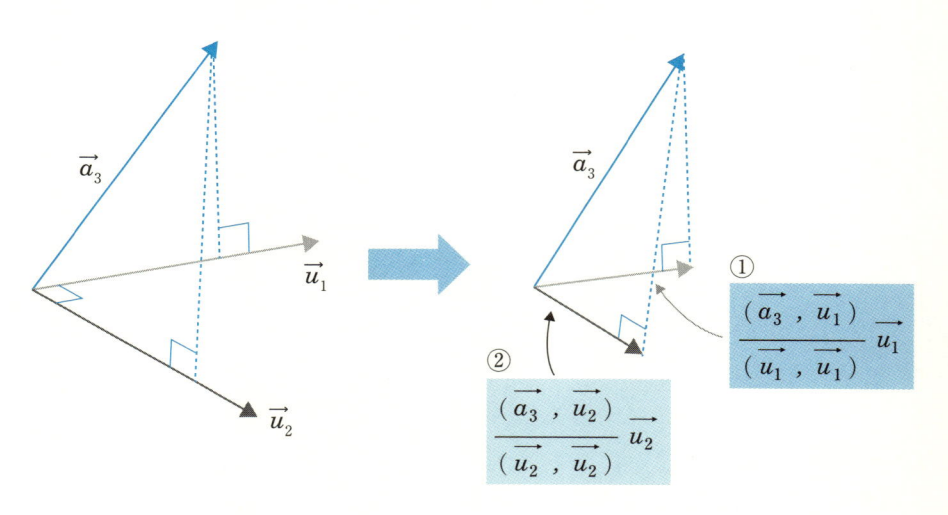

① $\dfrac{(\overrightarrow{a_3}, \overrightarrow{u_1})}{(\overrightarrow{u_1}, \overrightarrow{u_1})} \overrightarrow{u_1}$ + ② $\dfrac{(\overrightarrow{a_3}, \overrightarrow{u_2})}{(\overrightarrow{u_2}, \overrightarrow{u_2})} \overrightarrow{u_2}$ で

① $\dfrac{(\overrightarrow{a_3}, \overrightarrow{u_1})}{(\overrightarrow{u_1}, \overrightarrow{u_1})} \overrightarrow{u_1} = \left|\overrightarrow{a_3}\right| \cos\theta \dfrac{\overrightarrow{u_1}}{\left|\overrightarrow{u_1}\right|}$

② $\dfrac{(\overrightarrow{a_3}, \overrightarrow{u_2})}{(\overrightarrow{u_2}, \overrightarrow{u_2})} \overrightarrow{u_2} = \left|\overrightarrow{a_3}\right| \cos\theta \dfrac{\overrightarrow{u_2}}{\left|\overrightarrow{u_2}\right|}$

$$\vec{a_3} - \left(\frac{(\vec{a_3} , \vec{u_1})}{(\vec{u_1} , \vec{u_1})} \vec{u_1} + \frac{(\vec{a_3} , \vec{u_2})}{(\vec{u_2} , \vec{u_2})} \vec{u_2} \right) = \vec{u_3}$$

これで、$\vec{u_3}$ も求められました。

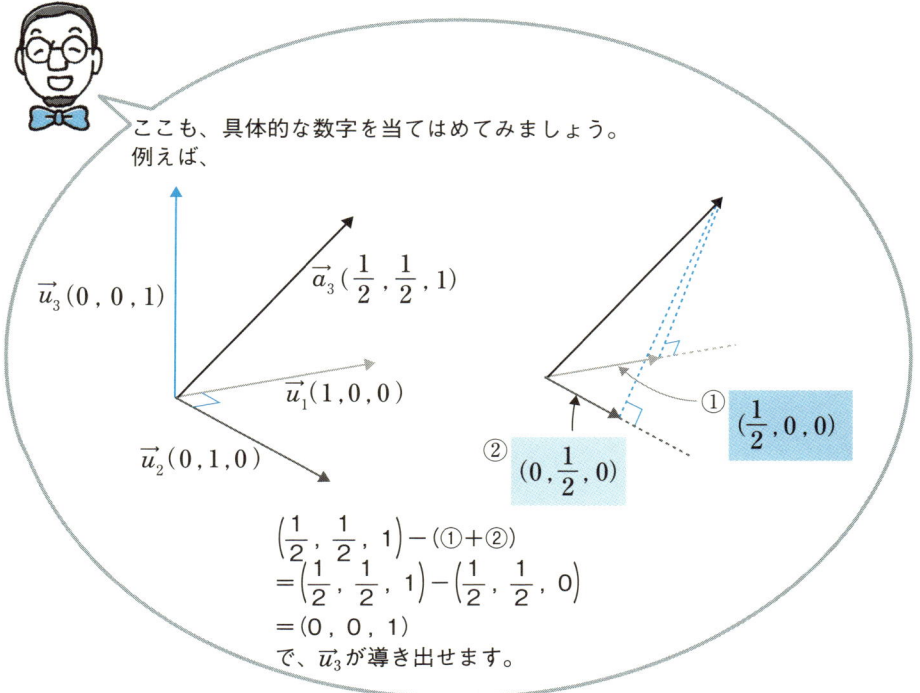

ここも、具体的な数字を当てはめてみましょう。例えば、

$\vec{u_3}(0, 0, 1)$　$\vec{a_3}\left(\frac{1}{2}, \frac{1}{2}, 1\right)$　$\vec{u_1}(1, 0, 0)$　$\vec{u_2}(0, 1, 0)$

① $\left(\frac{1}{2}, 0, 0\right)$　② $\left(0, \frac{1}{2}, 0\right)$

$$\left(\frac{1}{2}, \frac{1}{2}, 1\right) - (① + ②)$$
$$= \left(\frac{1}{2}, \frac{1}{2}, 1\right) - \left(\frac{1}{2}, \frac{1}{2}, 0\right)$$
$$= (0, 0, 1)$$

で、$\vec{u_3}$ が導き出せます。

全ての直交基底が求められましたので、大きさを1にするには、$\dfrac{\vec{u_1}}{|\vec{u_1}|}$, $\dfrac{\vec{u_2}}{|\vec{u_2}|}$, $\dfrac{\vec{u_2}}{|\vec{u_2}|}$

で、正規直交基底となります。

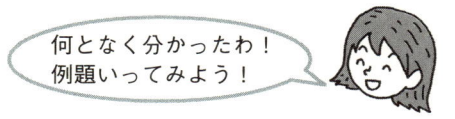

何となく分かったわ！例題いってみよう！

2次元での基底 $\vec{a_1} = \begin{pmatrix} 2 \\ 1 \end{pmatrix}$, $\vec{a_2} = \begin{pmatrix} -4 \\ 3 \end{pmatrix}$ から正規直交基底を作りなさい。と問われたら…

$\vec{a_1}$, $\vec{a_2}$ を正規直交化したベクトルを $\vec{u_1}$, $\vec{u_2}$ とし、$\vec{u_1} = \dfrac{1}{|\vec{a_1}|} \vec{a_1} = \dfrac{1}{\sqrt{5}} \begin{pmatrix} 2 \\ 1 \end{pmatrix}$ となります。

ここで、

$$\vec{a_2} \cdot \vec{u_1} = \frac{1}{\sqrt{5}}(-8+3) = -\frac{5}{\sqrt{5}}$$

$$\vec{a_2} - (\vec{a_2} \cdot \vec{u_1})\vec{u_1} = \begin{pmatrix} -4 \\ 3 \end{pmatrix} - \left(-\frac{5}{\sqrt{5}}\right)\frac{1}{\sqrt{5}}\begin{pmatrix} 2 \\ 1 \end{pmatrix}$$

$$= \begin{pmatrix} -4 \\ 3 \end{pmatrix} + \begin{pmatrix} 2 \\ 1 \end{pmatrix} = \begin{pmatrix} -2 \\ 4 \end{pmatrix} = \vec{b_2}$$

として、これを正規化すると

$$\vec{u_2} = \frac{1}{|\vec{b_2}|}\vec{b_2} = \frac{1}{2\sqrt{5}}\begin{pmatrix} -2 \\ 4 \end{pmatrix} = \frac{1}{\sqrt{5}}\begin{pmatrix} -1 \\ 2 \end{pmatrix}$$

と求めることができました。

$$\vec{u_1} \cdot \vec{u_2} = \frac{1}{\sqrt{5}}\begin{pmatrix} 2 \\ 1 \end{pmatrix} \cdot \frac{1}{\sqrt{5}}\begin{pmatrix} -1 \\ 2 \end{pmatrix} = \frac{1}{5}(2 \times (-1) + 1 \times 2) = 0$$

と内積計算が"0"となることで確認もできました。

$\vec{a_1} = \begin{pmatrix} 2 \\ 1 \end{pmatrix}$, $\vec{a_2} = \begin{pmatrix} -4 \\ 3 \end{pmatrix}$ の正規直交基底は、$\vec{u_1} = \frac{1}{\sqrt{5}}\begin{pmatrix} 2 \\ 1 \end{pmatrix}$, $\vec{u_2} = \frac{1}{\sqrt{5}}\begin{pmatrix} -1 \\ 2 \end{pmatrix}$ でOKですね。

3次元であっても z 成分が増えるだけで計算は同じです。

さて、行列の計算において、連立方程式を解きました。それと同等、もしくはそれ以上重要な問題に「固有値」と「固有ベクトル」があります。

これら2つの事柄は、Googleなどの検索エンジンでのアルゴリズムや統計学での分析手法、物理学の力学(特に量子力学)の分野には欠かせないものとなっています。

現代社会を便利にするうえで、行列ってなくてはならない存在なのね。

次のChapterでは、「固有値」と「固有ベクトル」について見ていきましょう。

Chapter 10

固有値と固有ベクトル そして対角化

固有値と固有ベクトルは行列が登場するところに必ず顔を出す重要な概念なんです

Section 1 固有値と固有ベクトルとは

$A = \begin{pmatrix} -1 & 4 \\ 1 & 2 \end{pmatrix}$ という行列に、$X = \begin{pmatrix} x_1 \\ y_1 \end{pmatrix}$ を掛ける、いわゆる線形変換を考えます。

$\begin{pmatrix} -1 & 4 \\ 1 & 2 \end{pmatrix} \begin{pmatrix} x_1 \\ y_1 \end{pmatrix} = \alpha \begin{pmatrix} x_1 \\ y_1 \end{pmatrix}$ です。

今、$\begin{pmatrix} x_1 \\ y_1 \end{pmatrix} = \begin{pmatrix} 1 \\ 1 \end{pmatrix}$ としてみましょう。

$$\begin{pmatrix} -1 & 4 \\ 1 & 2 \end{pmatrix} \begin{pmatrix} 1 \\ 1 \end{pmatrix} = \begin{pmatrix} -1 \times 1 + 4 \times 1 \\ 1 \times 1 + 2 \times 1 \end{pmatrix} = \begin{pmatrix} 3 \\ 3 \end{pmatrix} = 3 \begin{pmatrix} 1 \\ 1 \end{pmatrix}$$

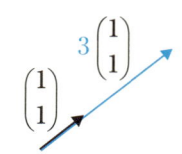

変換前の $\begin{pmatrix} x_1 \\ y_1 \end{pmatrix} = \begin{pmatrix} 1 \\ 1 \end{pmatrix}$ に対して、変換後のベクトルは同じ方向で、3倍されています。

このように、変換後のベクトルが変換前のベクトルの定数倍（上の例では3倍）に

なるとき、その定数を固有値といい、そのときの $\begin{pmatrix} x_1 \\ y_1 \end{pmatrix}$ を固有ベクトルといいます。

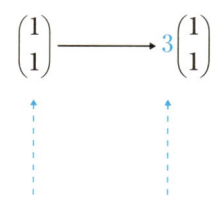

固有ベクトル　　　固有値

固有値と固有ベクトルは、線形変換するときの行列 A ごとに違ってきます。

まとめておきましょう。

今、正方行列 A と列ベクトル X があり、

$$AX = \alpha X$$

が成り立ったとします。

このとき、α（定数倍：スカラー量）を固有値、列ベクトル X を固有ベクトルといいます。

先ほどの例で、固有値は他にもあるのでしょうか。

$$A = \begin{pmatrix} -1 & 4 \\ 1 & 2 \end{pmatrix}, \ X = \begin{pmatrix} x_1 \\ y_1 \end{pmatrix}$$

とします。

$$\begin{pmatrix} -1 & 4 \\ 1 & 2 \end{pmatrix}\begin{pmatrix} x_1 \\ y_1 \end{pmatrix} = \alpha \begin{pmatrix} x_1 \\ y_1 \end{pmatrix}$$

この右辺の式は

$$\alpha \begin{pmatrix} x_1 \\ y_1 \end{pmatrix} = \alpha \begin{pmatrix} 1 & 0 \\ 0 & 1 \end{pmatrix}\begin{pmatrix} x_1 \\ y_1 \end{pmatrix} \quad$$ と単位行列を使って書けます。

さらに、

右辺を $\begin{pmatrix} \alpha & 0 \\ 0 & \alpha \end{pmatrix}\begin{pmatrix} x_1 \\ y_1 \end{pmatrix}$ とします。

$\begin{pmatrix} -1 & 4 \\ 1 & 2 \end{pmatrix}\begin{pmatrix} x_1 \\ y_1 \end{pmatrix} = \begin{pmatrix} \alpha & 0 \\ 0 & \alpha \end{pmatrix}\begin{pmatrix} x_1 \\ y_1 \end{pmatrix}$ より、右辺を左辺に移項すると、

$$\begin{pmatrix} -1 & 4 \\ 1 & 2 \end{pmatrix}\begin{pmatrix} x_1 \\ y_1 \end{pmatrix} - \begin{pmatrix} \alpha & 0 \\ 0 & \alpha \end{pmatrix}\begin{pmatrix} x_1 \\ y_1 \end{pmatrix} = \begin{pmatrix} 0 \\ 0 \end{pmatrix}$$

$\begin{pmatrix} x_1 \\ y_1 \end{pmatrix}$ で括って、

$$\begin{pmatrix} -1-\alpha & 4 \\ 1 & 2-\alpha \end{pmatrix}\begin{pmatrix} x_1 \\ y_1 \end{pmatrix}=\begin{pmatrix} 0 \\ 0 \end{pmatrix} \qquad \cdots \text{※}1$$

となります。この式で、$\begin{pmatrix} x_1 \\ y_1 \end{pmatrix}=\begin{pmatrix} 0 \\ 0 \end{pmatrix}$ 以外の解をもつためには、左辺の行列式が

$\begin{vmatrix} -1-\alpha & 4 \\ 1 & 2-\alpha \end{vmatrix}=0$　でなければならないことは明らかですね。

<u>逆行列を持たない</u>

なぜ、逆行列を持たないのかを説明します。
逆行列を持つ場合、

$\begin{pmatrix} -1-\alpha & 4 \\ 1 & 2-\alpha \end{pmatrix}^{-1}\begin{pmatrix} -1-\alpha & 4 \\ 1 & 2-\alpha \end{pmatrix}\begin{pmatrix} x_1 \\ y_1 \end{pmatrix}=0$ が成り立ちます。

$\begin{pmatrix} x_1 \\ y_1 \end{pmatrix}=0$ となり、$\begin{pmatrix} x_1 \\ y_1 \end{pmatrix}\neq 0$ に反してしまうからです。

この式を固有方程式と呼びます。

方程式ですから、実際解いて固有値 α を求めてみましょう。

右辺の行列式を計算して、

$$(-1-\alpha)(2-\alpha)-4=0$$
$$\alpha^2-\alpha-6=0$$

2次方程式だ！

$(\alpha+2)(\alpha-3)=0$ より、

$A=\begin{pmatrix} -1 & 4 \\ 1 & 2 \end{pmatrix}$ の固有値は、$\alpha=-2,3$ と求められました。

すごい、学校で習った知識で固有値を求められた！

続けて、$A=\begin{pmatrix} -1 & 4 \\ 1 & 2 \end{pmatrix}$ の固有ベクトル $X=\begin{pmatrix} x_1 \\ y_1 \end{pmatrix}$ を求めてみましょう。

求めた固有値を※1式の左辺 $\begin{pmatrix} -1-\alpha & 4 \\ 1 & 2-\alpha \end{pmatrix}\begin{pmatrix} x_1 \\ y_1 \end{pmatrix}=\begin{pmatrix} 0 \\ 0 \end{pmatrix}$ に代入してみます。

$\alpha = -2$ とすると、

$$\begin{pmatrix} 1 & 4 \\ 1 & 4 \end{pmatrix}\begin{pmatrix} x_1 \\ y_1 \end{pmatrix}=0$$

左辺の行列の積は1行目も2行目も同じ式で、

$$x_1 + 4y_1 = 0$$

と不定方程式（解が1つに定まらない方程式のこと、70ページ参照）になります。

例えば、$x_1 = 4$, $y_1 = -1$ はその解の一つですね。

$$\begin{pmatrix} -1 & 4 \\ 1 & 2 \end{pmatrix}\begin{pmatrix} 4 \\ -1 \end{pmatrix}=\begin{pmatrix} -1\times 4 + 4\times(-1) \\ 1\times 4 + 2\times(-1) \end{pmatrix}=\begin{pmatrix} -8 \\ 2 \end{pmatrix}=-2\begin{pmatrix} 4 \\ -1 \end{pmatrix}$$

$$\begin{pmatrix} 4 \\ -1 \end{pmatrix} \longrightarrow -2\begin{pmatrix} 4 \\ -1 \end{pmatrix}$$

固有ベクトル　　　**固有値**

$\begin{pmatrix} x_1 \\ y_1 \end{pmatrix}=\begin{pmatrix} 4 \\ -1 \end{pmatrix}$ が、固有ベクトルの一つということです。

これは、変換前のベクトル $\begin{pmatrix} 4 \\ -1 \end{pmatrix}$ が、-2 倍すなわち方向が逆で大きさが2倍になったと言えます。

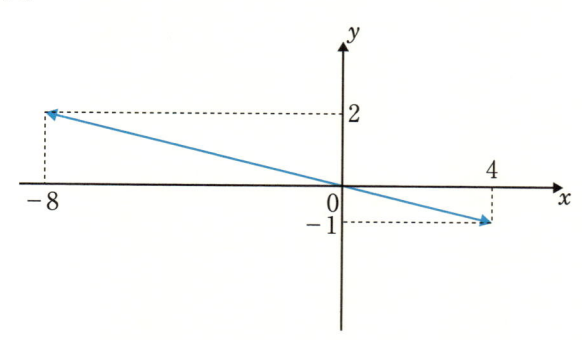

もう一つの固有値である $\alpha=3$ としてみましょう。

同じように、133ページの※1式の左辺に代入してみると、

$$\begin{pmatrix} -4 & 4 \\ 1 & -1 \end{pmatrix}\begin{pmatrix} x_1 \\ y_1 \end{pmatrix}=0$$

$$-4x_1+4y_1=0$$
$$x_1-y_1=0$$

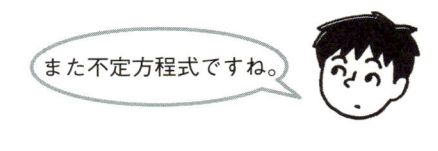

また不定方程式ですね。

$x_1=1$, $y_1=1$ はその解の一つです。
もう一つの固有ベクトルは、

$\begin{pmatrix} x_1 \\ y_1 \end{pmatrix}=\begin{pmatrix} 1 \\ 1 \end{pmatrix}$ となり131ページと同様の結果が得られます。

$$\begin{pmatrix} -4 & 4 \\ 1 & -1 \end{pmatrix}\begin{pmatrix} 1 \\ 1 \end{pmatrix}=3\begin{pmatrix} 1 \\ 1 \end{pmatrix}$$

これは、変換前のベクトル $\begin{pmatrix} 1 \\ 1 \end{pmatrix}$ が、3倍すなわち同じ方向で大きさが3倍になったと言えます。

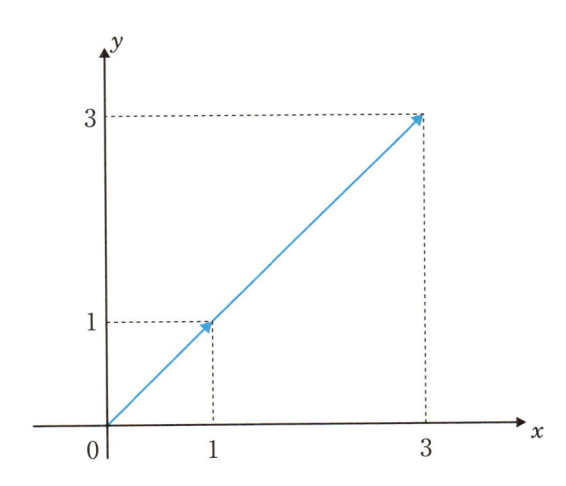

固有値と固有ベクトルの求め方をまとめておきましょう。

正方行列 A と列ベクトル X があり、

$$AX = \alpha X$$

とします。E は、単位ベクトルです。

$X = EX$ として、$AX = \alpha EX$

右辺を移項して

$$AX - \alpha EX = 0$$

X でくくり、

手数は多いですが、計算する
順序をきちんと把握さえすれば、
難しくはないですよ。

$$(A - \alpha E)X = 0$$

$A - \alpha E$ の逆行列 $(A - \alpha E)^{-1}$ を両辺に掛けます。

$$(A - \alpha E)^{-1}(A - \alpha E)X = (A - \alpha E)^{-1} \cdot 0$$

$X = 0$、X が零ベクトル、零ベクトルは固有ベクトルにはできませんから、$A - \alpha E$ の逆行列 $(A - \alpha E)^{-1}$ は存在してはならないことになります。

すなわち、$|A - \alpha E| = 0$ であれば、逆行列は存在しません。

この $|A - \alpha E| = 0$ を固有方程式と言います。

$A = \begin{pmatrix} 3 & 1 \\ 2 & 2 \end{pmatrix}$ として、その固有値と固有ベクトルを求めてみましょう。

$$\left| \begin{pmatrix} 3 & 1 \\ 2 & 2 \end{pmatrix} - \alpha \begin{pmatrix} 1 & 0 \\ 0 & 1 \end{pmatrix} \right| = 0$$

$$\left| \begin{pmatrix} 3 & 1 \\ 2 & 2 \end{pmatrix} - \begin{pmatrix} \alpha & 0 \\ 0 & \alpha \end{pmatrix} \right| = 0$$

$$\begin{vmatrix} 3-\alpha & 1 \\ 2 & 2-\alpha \end{vmatrix} = 0$$

$$(3-\alpha)(2-\alpha) - 2 = 0$$

$\alpha^2 - 5\alpha + 4 = 0$ より $\alpha = 1$, $\alpha = 4$ これが $A = \begin{pmatrix} 3 & 1 \\ 2 & 2 \end{pmatrix}$ の固有値です。

次に、固有ベクトルも求めてみましょう。$x = \begin{pmatrix} x_1 \\ y_1 \end{pmatrix}$ とします。

$\alpha = 1$ のときは、

$\begin{pmatrix} 3-\alpha & 1 \\ 2 & 2-\alpha \end{pmatrix}\begin{pmatrix} x_1 \\ y_1 \end{pmatrix} = 0$ に代入します。

$\begin{pmatrix} 2 & 1 \\ 2 & 1 \end{pmatrix}\begin{pmatrix} x_1 \\ y_1 \end{pmatrix} = 0$ より

$2x_1 + y_1 = 0$ 不定方程式ですね。

例えば、$x_1 = 1$, $y_1 = -2$ がその解の一つ、固有ベクトルは $\begin{pmatrix} 1 \\ -2 \end{pmatrix}$ です。

$\begin{pmatrix} 3 & 1 \\ 2 & 2 \end{pmatrix}\begin{pmatrix} 1 \\ -2 \end{pmatrix} = \begin{pmatrix} 3-2 \\ 2-4 \end{pmatrix} = \begin{pmatrix} 1 \\ -2 \end{pmatrix}$ これは、同じベクトルになりました。

$\alpha = 4$ のときは、

$\begin{pmatrix} -1 & 1 \\ 2 & -2 \end{pmatrix}\begin{pmatrix} x_1 \\ y_1 \end{pmatrix} = 0$ より

$-x_1 + y_1 = 0$, $2x_1 - 2y_1 = 0$ 同じ不定方程式ですね。

解の一つは、$x_1 = 1$, $y_1 = 1$ 固有ベクトルは $\begin{pmatrix} 1 \\ 1 \end{pmatrix}$ です。

$$\begin{pmatrix} 3 & 1 \\ 2 & 2 \end{pmatrix}\begin{pmatrix} 1 \\ 1 \end{pmatrix} = \begin{pmatrix} 3+1 \\ 2+2 \end{pmatrix} = \begin{pmatrix} 4 \\ 4 \end{pmatrix} = 4\begin{pmatrix} 1 \\ 1 \end{pmatrix}$$

方向は変わらず、大きさが4倍になっていますね。

一般に、2×2 行列は2次方程式を、3×3 行列ならば3次方程式を解くように、$n \times n$ 行列は n 次方程式を解くことになり、固有値の数は最大でも n 個ということになり

ます。

固有ベクトルは、前のSectionにあったように、不定方程式になります。

【 **Questions ⑥**】（解答は185ページ）

次の行列の固有値と固有ベクトルを求めてみましょう。

$$A = \begin{pmatrix} 1 & 2 \\ -1 & 4 \end{pmatrix}$$

ヒント：固有方程式 $|A - \alpha E| = 0$ を作り、それを解きましょう。

例題を見て分かった気になってたけど、いざ解いてみようとするとなかなか解けないものだな。

私はもう解けちゃった！

早っ！

お兄ちゃん、136ページでやった方法をまねて計算すれば、そんなに難しくないよ。

Section 3 行列の対角化 ･･････････････････････････････

131ページのA$=\begin{pmatrix} -1 & 4 \\ 1 & 2 \end{pmatrix}$の固有ベクトルは、$\begin{pmatrix} 4 \\ -1 \end{pmatrix}$と$\begin{pmatrix} 1 \\ 1 \end{pmatrix}$でした（134、135ページ）。

この2つの固有ベクトルを1次結合（和と積の形）の形で書くと次のように表せます。

$$l\begin{pmatrix} 4 \\ -1 \end{pmatrix} + m\begin{pmatrix} 1 \\ 1 \end{pmatrix} = \begin{pmatrix} 0 \\ 0 \end{pmatrix}$$

2つの固有ベクトルをまとめて書くのか。

この式を満たす$l,\ m$は、

$l=m=0$以外はありませんね。すなわち、

『異なる固有値における2つの固有ベクトルは1次独立である』

ことが分かります。

101ページでやった1次独立だ。

さて、求めた固有値$\alpha = -2,\ 3$と固有ベクトル$X=\begin{pmatrix} 4 \\ -1 \end{pmatrix},\begin{pmatrix} 1 \\ 1 \end{pmatrix}$をそれぞれ

$$AX = \alpha X$$

に代入してみます。

$A=\begin{pmatrix} -1 & 4 \\ 1 & 2 \end{pmatrix}$, $\alpha = -2$の時、$X=\begin{pmatrix} 4 \\ -1 \end{pmatrix}$, $\alpha = 3$の時, $X=\begin{pmatrix} 1 \\ 1 \end{pmatrix}$でしたね。（134、135ページ参照）

$$\begin{pmatrix} -1 & 4 \\ 1 & 2 \end{pmatrix}\begin{pmatrix} 4 \\ -1 \end{pmatrix} = \begin{pmatrix} -4-4 \\ 4-2 \end{pmatrix} = \begin{pmatrix} -8 \\ 2 \end{pmatrix} = -2\begin{pmatrix} 4 \\ -1 \end{pmatrix}$$

$\begin{pmatrix} -4 & -4 \\ 4 & -2 \end{pmatrix}$ なる引き算です（足し算）。

$$\begin{pmatrix} -1 & 4 \\ 1 & 2 \end{pmatrix}\begin{pmatrix} 1 \\ 1 \end{pmatrix} = \begin{pmatrix} -1+4 \\ 1+2 \end{pmatrix} = \begin{pmatrix} 3 \\ 3 \end{pmatrix} = 3\begin{pmatrix} 1 \\ 1 \end{pmatrix}$$

この2つの式を行列を用いて、まとめて書くことができます。

右辺は、$-2\begin{pmatrix} 4 \\ -1 \end{pmatrix}$ と $3\begin{pmatrix} 1 \\ 1 \end{pmatrix}$ を組み合わせて、

$\begin{pmatrix} 4 & 1 \\ -1 & 1 \end{pmatrix}\begin{pmatrix} -2 & 0 \\ 0 & 3 \end{pmatrix}$ としましょう。

$$\begin{pmatrix} -1 & 4 \\ 1 & 2 \end{pmatrix}\begin{pmatrix} 4 & 1 \\ -1 & 1 \end{pmatrix}=\begin{pmatrix} 4 & 1 \\ -1 & 1 \end{pmatrix}\begin{pmatrix} -2 & 0 \\ 0 & 3 \end{pmatrix} \quad \cdots※1$$

$\begin{pmatrix} 4 & 1 \\ -1 & 1 \end{pmatrix}$ は、固有ベクトルの $X=\begin{pmatrix} 4 \\ -1 \end{pmatrix}$ と $X=\begin{pmatrix} 1 \\ 1 \end{pmatrix}$ を組み合わせています。

この新しい行列を $P=\begin{pmatrix} 4 & 1 \\ -1 & 1 \end{pmatrix}$ としておきましょう。

この P を使って、※1の式を

$$AP=P\begin{pmatrix} -2 & 0 \\ 0 & 3 \end{pmatrix}$$

さらに、P の逆行列 P^{-1} を両辺の左側から掛けると、

$$P^{-1}AP=P^{-1}P\begin{pmatrix} -2 & 0 \\ 0 & 3 \end{pmatrix}$$

$$P^{-1}AP=\begin{pmatrix} -2 & 0 \\ 0 & 3 \end{pmatrix}$$

こうしてできた右辺の行列を **対角化された行列** と呼びます。
右辺に固有値がそのまま残っている面白い(笑)形をしています。
固有値を α_1, α_2 とし、適切な P を選択すれば、必ず対角化されて

$$P^{-1}AP=\begin{pmatrix} \alpha_1 & 0 \\ 0 & \alpha_2 \end{pmatrix}$$

と固有値を用いて書くことができます。

先の固有値問題ではαが2つ、固有値が2つありました。

さて、2行2列の正方行列では、この固有値が1つ（同じ値）になることがあります。

$$AX = \alpha X$$

$$A = \begin{pmatrix} 3 & 1 \\ -1 & 5 \end{pmatrix},\ X = \begin{pmatrix} x \\ y \end{pmatrix}$$

とします。

$$\begin{pmatrix} 3 & 1 \\ -1 & 5 \end{pmatrix}\begin{pmatrix} x \\ y \end{pmatrix} = \alpha\begin{pmatrix} x \\ y \end{pmatrix}$$

右辺を$\begin{pmatrix} \alpha & 0 \\ 0 & \alpha \end{pmatrix}\begin{pmatrix} x \\ y \end{pmatrix}$とします。

$$\begin{pmatrix} 3 & 1 \\ -1 & 5 \end{pmatrix}\begin{pmatrix} x \\ y \end{pmatrix} = \begin{pmatrix} \alpha & 0 \\ 0 & \alpha \end{pmatrix}\begin{pmatrix} x \\ y \end{pmatrix}$$ より、右辺を左辺に移項して

$$\begin{pmatrix} 3 & 1 \\ -1 & 5 \end{pmatrix}\begin{pmatrix} x \\ y \end{pmatrix} - \begin{pmatrix} \alpha & 0 \\ 0 & \alpha \end{pmatrix}\begin{pmatrix} x \\ y \end{pmatrix} = \begin{pmatrix} 0 \\ 0 \end{pmatrix}$$

$\begin{pmatrix} x \\ y \end{pmatrix}$で括って、

$$\begin{pmatrix} 3-\alpha & 1 \\ -1 & 5-\alpha \end{pmatrix}\begin{pmatrix} x \\ y \end{pmatrix} = \begin{pmatrix} 0 \\ 0 \end{pmatrix} \quad \cdots※2$$

となります。

前と同じように、$\begin{pmatrix} x \\ y \end{pmatrix} = \begin{pmatrix} 0 \\ 0 \end{pmatrix}$以外の解をもつためには、左辺の行列式が

$$\begin{vmatrix} 3-\alpha & 1 \\ -1 & 5-\alpha \end{vmatrix} = 0$$

だな！

この固有方程式を解いて

$$(3-\alpha)(5-\alpha)+1=0$$
$$\alpha^2-8\alpha+16=0$$
$$(\alpha-4)^2=0$$
$$\alpha=4$$

固有値が1つですね。このような解を"重解"と言います。

この固有値 α を上の※2に代入すると、

$$\begin{pmatrix} -1 & 1 \\ -1 & 1 \end{pmatrix}\begin{pmatrix} x \\ y \end{pmatrix}=\begin{pmatrix} 0 \\ 0 \end{pmatrix}$$
$$-x+y=0$$
$$x-y=0$$

高校1年で習った！

と不定方程式しかできません。

では、固有ベクトルも1つなのでしょうか。

$$x-y=0$$

を解けば、解の1つは $x=1$、$y=1$ が考えられますね。

固有ベクトルを

$$\begin{pmatrix} x \\ y \end{pmatrix}=k\begin{pmatrix} 1 \\ 1 \end{pmatrix}$$ としましょう。

これと上の $\alpha=4$ を元々の

$$AX=\alpha X$$

に代入してみます。今、$A=\begin{pmatrix} 3 & 1 \\ -1 & 5 \end{pmatrix}$ です。

$$\begin{pmatrix} 3 & 1 \\ -1 & 5 \end{pmatrix}k\begin{pmatrix} 1 \\ 1 \end{pmatrix}=4k\begin{pmatrix} 1 \\ 1 \end{pmatrix}$$

$$\begin{pmatrix} 3 & 1 \\ -1 & 5 \end{pmatrix}\begin{pmatrix} k \\ k \end{pmatrix}=4\begin{pmatrix} k \\ k \end{pmatrix}$$

$$\begin{pmatrix} 3 & 1 \\ -1 & 5 \end{pmatrix}\begin{pmatrix} 1 & k \\ 1 & k \end{pmatrix} = \begin{pmatrix} 4 & 0 \\ 0 & 4 \end{pmatrix}\begin{pmatrix} 1 & k \\ 1 & k \end{pmatrix}$$

ここで、$\begin{pmatrix} 1 & k \\ 1 & k \end{pmatrix}$ の逆行列は、存在しないことは明らかですね。（33ページ参照）

ということは、『正方行列が重解の場合は、対角化できない』ということになります。

Section 4 3次と2次の違い ……………………………………

さて、3次の場合は2次の時とどのような違いがあるのでしょうか。

$AX=\alpha X$ で、

$$A = \begin{pmatrix} -2 & 3 & -3 \\ -2 & 3 & -2 \\ 2 & -2 & 3 \end{pmatrix},\ X = \begin{pmatrix} x \\ y \\ z \end{pmatrix}$$

とします。

さっきと同じように式をまとめると、

$$\begin{pmatrix} -2-\alpha & 3 & -3 \\ -2 & 3-\alpha & -2 \\ 2 & -2 & 3-\alpha \end{pmatrix}\begin{pmatrix} x \\ y \\ z \end{pmatrix} = \begin{pmatrix} 0 \\ 0 \\ 0 \end{pmatrix}$$

この式が、解を持つ条件は

$$\begin{vmatrix} -2-\alpha & 3 & -3 \\ -2 & 3-\alpha & -2 \\ 2 & -2 & 3-\alpha \end{vmatrix} = 0$$

でした。

左辺を計算すると（計算方法は、53ページ参照）、

左辺

143

$$= (-2-\alpha)(3-\alpha)(3-\alpha) + (-3)(-2)(-2) + 3(-2)2$$
$$\quad - (-3)(3-\alpha)2 - (-2-\alpha)(-2)(-2) - 3(-2)(3-\alpha)$$
$$= 2 - 5\alpha + 4\alpha^2 - \alpha^3$$
$$= (1-\alpha)(1-\alpha)(2-\alpha)$$
$$\quad (1-\alpha)(1-\alpha)(2-\alpha) = 0$$
$$\alpha = 1, \quad \alpha = 2$$

1つは重解で、解の個数は2個ってことね。

と固有値が求められます。$\alpha = 1$ は重解ですね。

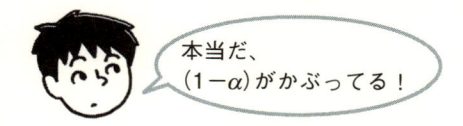

本当だ、
$(1-\alpha)$ がかぶってる！

それぞれの固有値に対する固有ベクトルを求めてみます。

$$\alpha = 2 \text{を} \begin{pmatrix} -2-\alpha & 3 & -3 \\ -2 & 3-\alpha & -2 \\ 2 & -2 & 3-\alpha \end{pmatrix} \begin{pmatrix} x \\ y \\ z \end{pmatrix} = \begin{pmatrix} 0 \\ 0 \\ 0 \end{pmatrix} \text{に代入します。}$$

$$\begin{pmatrix} -2-2 & 3 & -3 \\ -2 & 3-2 & -2 \\ 2 & -2 & 3-2 \end{pmatrix} \begin{pmatrix} x \\ y \\ z \end{pmatrix} = \begin{pmatrix} 0 \\ 0 \\ 0 \end{pmatrix} \text{より、}$$

$$\begin{pmatrix} -4 & 3 & -3 \\ -2 & 1 & -2 \\ 2 & -2 & 1 \end{pmatrix} \begin{pmatrix} x \\ y \\ z \end{pmatrix} = \begin{pmatrix} 0 \\ 0 \\ 0 \end{pmatrix} \text{ですから、}$$

$$\begin{cases} -4x + 3y - 3z = 0 & \cdots ① \\ -2x + y - 2z = 0 & \cdots ② \\ 2x - 2y + z = 0 & \cdots ③ \end{cases}$$

ですね。

この連立方程式で、①＋③＝②となっています。

ということは、未知数(変数)は3つあるように見えても、意味のある式は次の2つです。

ここが **＋α**

$$\begin{cases} -4x+3y-3z=0 & \cdots① \\ 2x-2y+\ z=0 & \cdots③ \end{cases}$$

②式は、いつでも作ることができますね。

この連立方程式は、解が一つに定まらない"不定方程式"ということになります。

①＋③×3で、

$$2x-3y=0 \, , \, y=-z$$

$x=3$とすれば、$y=2$, $z=-2$

となりますので、固有ベクトルの1つは

不定方程式、
前にも出てきたわ。

72ページで
やりましたね。

$$\begin{pmatrix} 3 \\ 2 \\ -2 \end{pmatrix}$$です。

重解であった$\alpha=1$の場合は、3つの式が全て同じ

$x-y+z=0$となってしまいます。

例えば、$x=1$, $y=1$, $z=0$と$x=1$, $y=0$, $z=-1$です。

$$l\begin{pmatrix} 1 \\ 1 \\ 0 \end{pmatrix}+m\begin{pmatrix} 1 \\ 0 \\ -1 \end{pmatrix}=\begin{pmatrix} 0 \\ 0 \\ 0 \end{pmatrix}$$

という式を考えると、$l=m=0$のときのみでしか成立しませんね。

すなわち、1次独立です。係数も1次結合(足し算の結果)も0だからです。

先ほど求めた$\alpha=2$のときの固有ベクトルも1次独立であったことが分かります。

これで、3つの固有ベクトルが求められましたので、組み合わせて行列Pを作りましょう。

$$P = \begin{pmatrix} 1 & 1 & 3 \\ 1 & 0 & 2 \\ 0 & -1 & -2 \end{pmatrix}$$

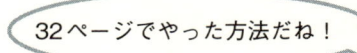 32ページでやった方法だね！

計算は省略しますが、逆行列 P^{-1} を求めると、

$$P^{-1} = \begin{pmatrix} 2 & -2 & 1 \\ 2 & -1 & 2 \\ -1 & 1 & -1 \end{pmatrix}$$ となります。また、$A = \begin{pmatrix} -2 & 3 & -3 \\ -2 & 3 & -2 \\ 2 & -2 & 3 \end{pmatrix}$ でしたから、

$$P^{-1}AP = \begin{pmatrix} 0 & 1 & 0 \\ 1 & 0 & 0 \\ 0 & 0 & 2 \end{pmatrix}$$ 1列目と2列目を入れ替えられますから、

$$= \begin{pmatrix} 1 & 0 & 0 \\ 0 & 1 & 0 \\ 0 & 0 & 2 \end{pmatrix}$$

となって、対角化が成り立つことが分かります。

固有値が2つしかありませんでしたが、固有ベクトルは3つありました。

対角化が可能かどうかは、『**1次独立な固有ベクトルは何個あるか**』が重要なファクターであることが分かります。

　n 次の正方行列の場合、1次独立な固有ベクトルが n 個あれば、重解があったとしても対角化ができるということになります。

　対角化されて求められた行列を『相似である』行列と呼んでいて、

$$\boldsymbol{P^{-1}AP \equiv B}$$

と書きましょう。

　さて、この Section で学習したことを以下にまとめておきます。

（Ⅰ）正方行列 A、列ベクトル X に対して、

$$AX = \alpha X$$

146

が成り立つとき、αを固有値、Xを固有ベクトルと呼ぶ。

(Ⅱ)行列式で表される固有方程式 $|A - \alpha E| = 0$ を解くことで、固有値 α が求められる。

(Ⅲ)固有ベクトルの組み合わせで作られた行列Pを用いると、

$$P^{-1}AP = \begin{pmatrix} \alpha_1 & 0 & 0 \\ 0 & \ddots & 0 \\ 0 & 0 & \alpha_n \end{pmatrix}$$

この計算を行列の対角化といいます。右辺の行列とAを相似な行列と呼びます。対角化された行列とは、上の青字の成分 α_1、α_2、α_3、$\cdots$、α_n 以外は0である行列のことです。

(Ⅳ)異なる固有値でできる固有ベクトルは1次独立である。

(Ⅴ)n次の正方行列の場合、1次独立な固有ベクトルがn個あれば、重解があったとしても対角化ができる。

【 **Example** 】

$A = \begin{pmatrix} 3 & 1 \\ 2 & 2 \end{pmatrix}$ を固有値と固有ベクトルを求め、対角化してみましょう。

Aの固有値αを求めます。

$$\begin{pmatrix} 3 & 1 \\ 2 & 2 \end{pmatrix} \begin{pmatrix} x \\ y \end{pmatrix} = \alpha \begin{pmatrix} x \\ y \end{pmatrix}$$

この右辺の式は

$$\alpha \begin{pmatrix} x \\ y \end{pmatrix} = \alpha \begin{pmatrix} 1 & 0 \\ 0 & 1 \end{pmatrix} \begin{pmatrix} x \\ y \end{pmatrix} \text{と単位行列を使って書けます。}$$

さらに、右辺を $\begin{pmatrix} \alpha & 0 \\ 0 & \alpha \end{pmatrix} \begin{pmatrix} x \\ y \end{pmatrix}$ としましたね。

$$\begin{pmatrix} 3 & 1 \\ 2 & 2 \end{pmatrix}\begin{pmatrix} x \\ y \end{pmatrix} = \begin{pmatrix} \alpha & 0 \\ 0 & \alpha \end{pmatrix}\begin{pmatrix} x \\ y \end{pmatrix}$$ より、右辺を左辺に移項して

$$\begin{pmatrix} 3 & 1 \\ 2 & 2 \end{pmatrix}\begin{pmatrix} x \\ y \end{pmatrix} - \begin{pmatrix} \alpha & 0 \\ 0 & \alpha \end{pmatrix}\begin{pmatrix} x \\ y \end{pmatrix} = \begin{pmatrix} 0 \\ 0 \end{pmatrix}$$

$$\begin{pmatrix} 3-\alpha & 1 \\ 2 & 2-\alpha \end{pmatrix}\begin{pmatrix} x \\ y \end{pmatrix} = \begin{pmatrix} 0 \\ 0 \end{pmatrix}$$

固有方程式は、

$\alpha^2 - 5\alpha + 4 = 0$ より、固有値は $\alpha = 1, 4$ と求められます。

固有値 $\alpha = 1$ に対応する固有ベクトルの 1 つは、 $\begin{pmatrix} 1 \\ -2 \end{pmatrix}$

固有値 $\alpha = 4$ に対応する固有ベクトルの 1 つは、 $\begin{pmatrix} 1 \\ 1 \end{pmatrix}$

$P = \begin{pmatrix} 1 & 1 \\ -2 & 1 \end{pmatrix}$ とおきます。

$$P^{-1} = \frac{1}{1 \times 1 - 1 \times (-2)}\begin{pmatrix} 1 & -1 \\ 2 & 1 \end{pmatrix}$$

$$P^{-1} = \frac{1}{3}\begin{pmatrix} 1 & -1 \\ 2 & 1 \end{pmatrix}$$ になります。

$A = \begin{pmatrix} 3 & 1 \\ 2 & 2 \end{pmatrix}$ ですので、

$$P^{-1}AP = \frac{1}{3}\begin{pmatrix} 1 & -1 \\ 2 & 1 \end{pmatrix}\begin{pmatrix} 3 & 1 \\ 2 & 2 \end{pmatrix}\begin{pmatrix} 1 & 1 \\ -2 & 1 \end{pmatrix}$$

$$P^{-1}AP = \begin{pmatrix} 1 & 0 \\ 0 & 4 \end{pmatrix}$$ となり、対角行列にできました。

　次の行列を対角化するための行列 P を1つ求め、それを用いて対角化しましょう。

$$\begin{pmatrix} 5 & 6 \\ 2 & 4 \end{pmatrix}$$

　ヒント：まず、固有値と固有ベクトルを求め、それら2つのベクトルを使ってできる行列を P とおきます。

Section 5 対角化のメリットとは ······························

　対角化することでメリットとも言える理由を2つ紹介しましょう。

　まず、簡単な表現として表すことができます。

　$P^{-1}AP=B$ となる行列 B はある意味で行列 A と同じようなものとみなすことができます。

　対角化することで、シンプルかつ一番簡単な表現ができたとも言えます（これを標準化などとも言います）。もう一つ例を挙げましょう。

行列 A の n 乗、A^n を求めてみます。

　$P^{-1}AP=B$ の両辺を n 乗し、変形します。

$$\begin{aligned} A^n &= (PBP^{-1})^n \\ &= (PBP^{-1})(PBP^{-1})(PBP^{-1})\cdots(PBP^{-1}) \\ &= PBBB\cdots BP^{-1} \\ &= PB^nP^{-1} \end{aligned}$$

B^nは計算が難しくはないので、A^nも求めることができます。

【 **Example** 】

$A=\begin{pmatrix} 3 & 1 \\ 2 & 2 \end{pmatrix}$を対角化して$A^n$を求めてみましょう。

$P=\begin{pmatrix} 1 & 1 \\ -2 & 1 \end{pmatrix}$とおき、$P^{-1}=\dfrac{1}{3}\begin{pmatrix} 1 & -1 \\ 2 & 1 \end{pmatrix}$になりましたね。

$P^{-1}AP=\begin{pmatrix} 1 & 0 \\ 0 & 4 \end{pmatrix}=B$となり、対角行列にできました。

よって、

$$A^n=PB^{-1}P^{-1}$$

$$=\begin{pmatrix} 1 & 1 \\ -2 & 1 \end{pmatrix}\begin{pmatrix} 1^n & 0 \\ 0 & 4^n \end{pmatrix}\dfrac{1}{3}\begin{pmatrix} 1 & -1 \\ 2 & 1 \end{pmatrix}$$

$$=\dfrac{1}{3}\begin{pmatrix} 1^n+0 & 0+4^n \\ -2\cdot 1^n+0 & 0+4^n \end{pmatrix}\begin{pmatrix} 1 & -1 \\ 2 & 1 \end{pmatrix}$$

$1^n=1$ですから、

$$=\dfrac{1}{3}\begin{pmatrix} 1 & 4^n \\ -2 & 4^n \end{pmatrix}\begin{pmatrix} 1 & -1 \\ 2 & 1 \end{pmatrix}$$

$$=\dfrac{1}{3}\begin{pmatrix} 1+2\cdot 4^n & -1+4^n \\ -2+2\cdot 4^n & 2+4^n \end{pmatrix}$$

と求められました。

行列の計算などは中々時間も掛かりますし、一か所計算間違いをしても結果が違ってしまいますね。Excelで、あらかじめ計算式をファイルシートに作っておくことをお勧めします。私もそうしています（汗）。

　3×3行列の積と逆行列をExcelファイルにして準備しました。ぜひ活用してみて下さい。

　ファイルは右のQRコードからアクセスしてダウンロードできます。
「本書のサポートページ」から「ダウンロード」へお進みください。

Chapter 11

線形写像

写像とは、集合の要素を他の集合の要素に対応させることです。

写像とは、2つの集合を構成しているある要素とある要素を結び付ける（対応させる）ことです。最後のChapter13では、写像の基礎と特別な写像を扱います。

Section 1　写像とは

2つの集合 U, U' があります。U のどの要素も U' の1つの要素に対応しているとします。この対応を U から U' への写像といい、f, g などの文字で表します。
また次のように表すことにします。

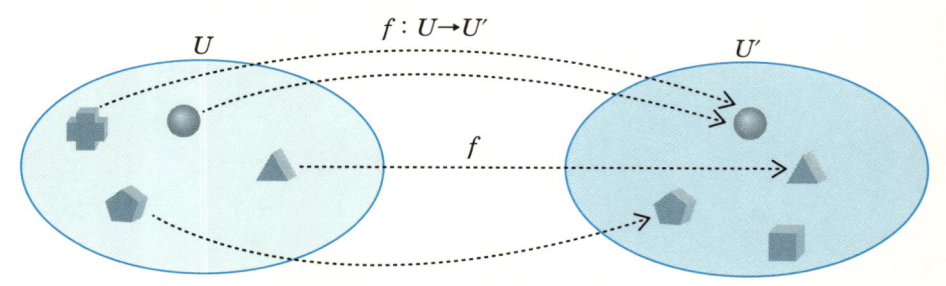

図のように、U の4つの要素は U' の1つの要素に必ず対応しています。例えば、U を自然数とし写像 f を『2倍する』という働きだとします。

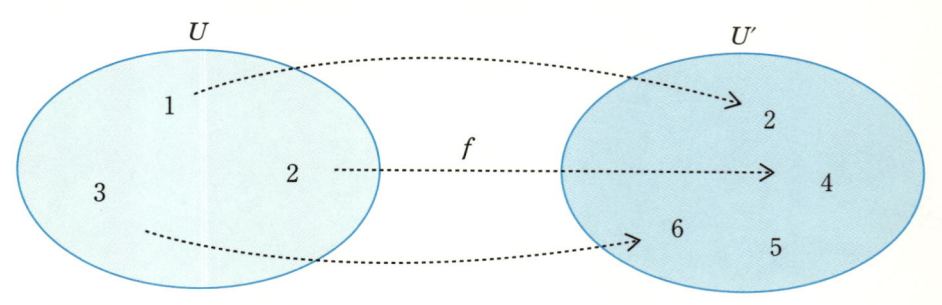

上の図のようなイメージです。

■や"5"のように対応してくる要素がU'の中にいなくても構いません。このように、1つの要素が必ずU'の1つの要素に対応している写像を**1対1写像**または**単射**といいます。

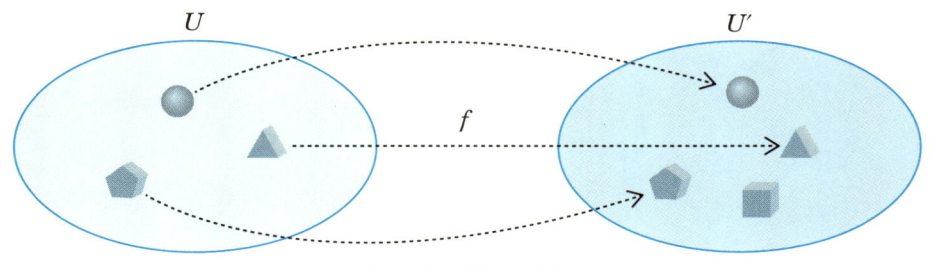

1 対 1 写像（単射）

単射とか全射とかは知らなかったけれど、集合は今授業で習っているわ。

また次の図のように、1対1ではなくてもすべての要素同士が対応している写像は、**全射**といいます。

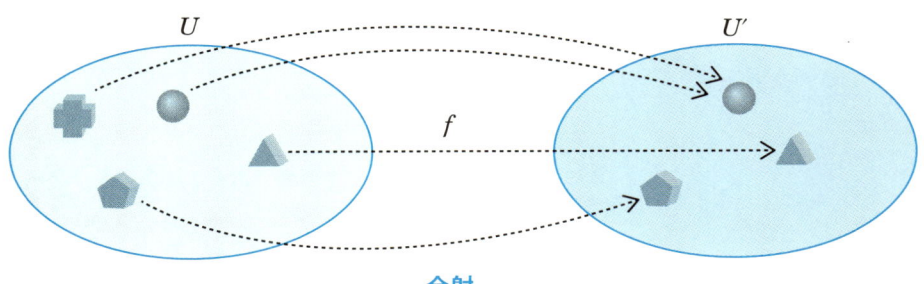

全射

1対1写像の中で、もれなくU'の1つの要素に対応している写像は**全単射**といいます。言い換えれば、単射かつ全射ということですね。

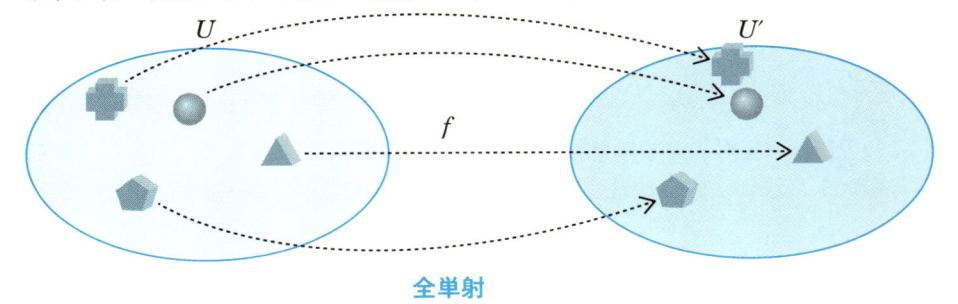

全単射

写像の中で、次の図のように2段階に対応させる場合、**写像の合成**といい、$g \circ f$ と表しましょう。

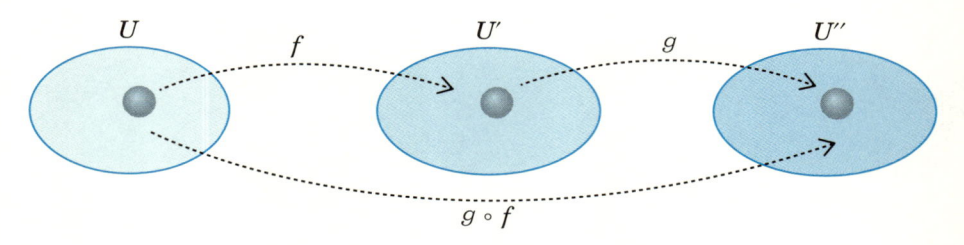

$f \circ g$ではなく、$g \circ f$です。gとfの順番に気を付けてくださいね！

さて、線形空間から線形空間への写像を考え、次の条件を満たすものを**線形写像**と呼びます。

> 線形写像とは、線形空間内にあるUに対して、
> $a,\ b \in U$である任意の2つの要素$a,\ b$について
> 　I 　$f(a+b)=f(a)+f(b)$
> 　II 　$f(\lambda a)=\lambda f(a)$ 　　　λはスカラー量で、線形空間内にあるとする。

「$a,\ b \in U$」は、$a,\ b$が集合Uの要素であることを意味しています。

要するに、"和"と"実数倍"が定義されている写像ということですね。このIとII、2つを併せ持つことを『**線形性**』といい、線形代数は線形性をテーマとしてそれらの性質を探っていく教科です。

線形代数ってこういうことだったのね。

ここでやっと線形代数は何を勉強するのか明らかになりましたね。いくつか線形写像の例をお示ししましょう。$\mathbb{R}$を実数全体の線形空間としています。

【 Example 】

$a \in \mathbb{R}$、$f : \mathbb{R} \to \mathbb{R}$、$f(x) = ax$ とします。これは線形写像でしょうか。

x, y, $k \in \mathbb{R}$ に対して、Ⅰ，Ⅱを確かめましょう。

$$f(x) + f(y) = ax + ay = a(x+y) = f(x+y)$$
$$f(kx) = a(kx) = k(ax) = kf(x)$$

であることは明らかですので、$f : \mathbb{R} \to \mathbb{R}$、$f(x) = ax$ は 線形写像です。

> パッと見難しそうだけど、
> 前ページの四角内の定義に
> 当てはめればいいのか。

【 Example 】

$f : \mathbb{R} \to \mathbb{R}$、$f(x) = x^2$ とします。

$$f(1) + f(1) = 1 + 1 = 2$$
$$f(1+1) = f(2) = 4$$
$$f(1) + f(1) \neq f(1+1)$$

ですから、この段階で線形写像ではありません。1次ではなく、2次ですものね。

> 「$f : \mathbb{R} \to \mathbb{R}$」は、
> 線形空間 $\mathbb{R}$ が
> 対応していることを表すんだったな。

【 Example 】

$f : \mathbb{R} \to \mathbb{R}$、$f(x) = x - 1$ とします。

$$f(1) + f(1) = 0 + 0 = 0$$
$$f(1+1) = f(2) = 1$$
$$f(1) + f(1) \neq f(1+1)$$

これも線形写像ではありませんでした。1次であっても、定数項があってはダメということです。線形写像ならば、$f(a) + f(b) = f(a+b)$ でなければなりません。

　線形写像においては、もとのベクトル空間 V の要素に表現行列をかけることで移動する先を決定することができます。P を表現行列とすると、

$$f(X) = PX$$

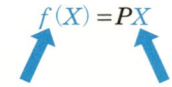

写像 f によって　　　　移される前の要素
移された要素

具体的な例を挙げておきましょう。

2次元で考えてみましょう。

$X = \begin{pmatrix} -2 \\ 1 \end{pmatrix}$ に表現行列 $P = \begin{pmatrix} 1 & 2 \\ 3 & 4 \end{pmatrix}$ をかけてみます。

$$f(X) = \begin{pmatrix} 1 & 2 \\ 3 & 4 \end{pmatrix}\begin{pmatrix} -2 \\ 1 \end{pmatrix}$$

$$= \begin{pmatrix} 1\times(-2)+2\times1 \\ 3\times(-2)+4\times1 \end{pmatrix} = \begin{pmatrix} 0 \\ -2 \end{pmatrix}$$

$\begin{pmatrix} -2 \\ 1 \end{pmatrix}$ が $\begin{pmatrix} 0 \\ -2 \end{pmatrix}$ に移されることを表しています。

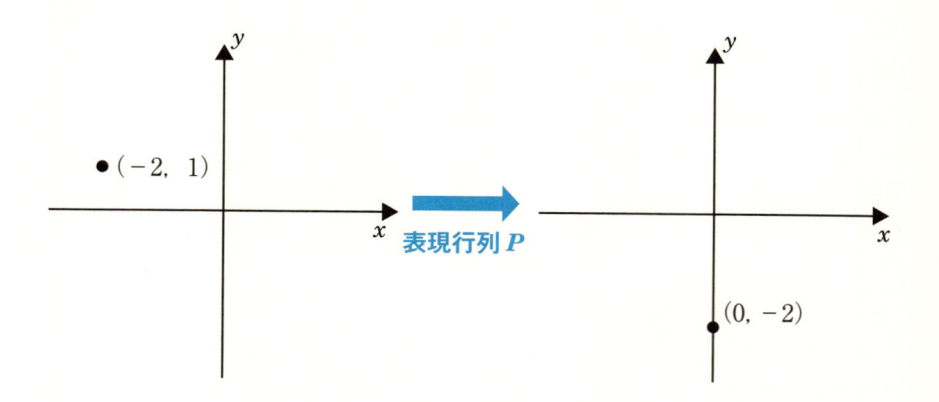

　もう一つ例を挙げましょう。3次元空間 V での表現行列です。

$X = \begin{pmatrix} 2 \\ 1 \\ 3 \end{pmatrix}$ に表現行列 $P = \begin{pmatrix} 1 & 0 & 2 \\ 0 & 1 & 1 \end{pmatrix}$ をかけてみます。

$$f(X) = PX = \begin{pmatrix} 1 & 0 & 2 \\ 0 & 1 & 1 \end{pmatrix} \begin{pmatrix} 2 \\ 1 \\ 3 \end{pmatrix}$$

$$= \begin{pmatrix} 1 \times 2 + 0 \times 1 + 2 \times 3 \\ 0 \times 2 + 1 \times 1 + 1 \times 3 \end{pmatrix} = \begin{pmatrix} 8 \\ 4 \end{pmatrix}$$

と2次元ベクトル空間 W へ移すことができました。

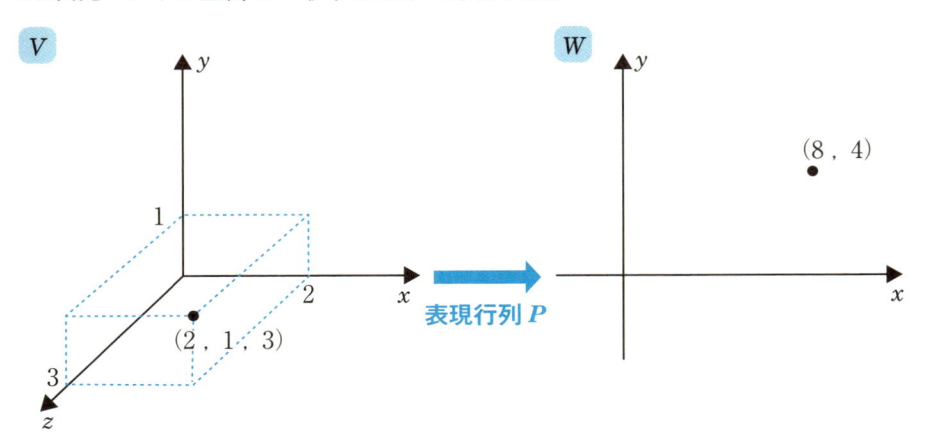

ただし、$f(X) = PX$ でいう表現行列 P は、写像前の基底と写像後の基底が、標準基底（108ページ参照）である時のみですから気を付けなければなりません。

　線形写像で、自分自身へのもの$f : V \rightarrow W$を線形変換または1次変換といいます。また、線形空間に存在した零ベクトルに対応するもとの要素の集合を**核**といいます。すなわち、線形写像$f : V \rightarrow W$で、$f(\vec{x}) = \vec{0}$を満たす$\vec{x}$の集合をVのfによる核といい、$\mathrm{Ker}\, f$（カーネルエフ）と表します。

$$\mathrm{Ker}\, f = f^{-1}(0) = \{\, \vec{x} \in V \mid f(\vec{x}) = \vec{0}\,\}$$

この式の意味するところは、
Vの部分集合（線形空間）内の任意の要素$\vec{x}$で、写像fを考えたとき、対応するWの要素は"$\vec{0}$"となるという意味です。
図で表すと下のようなイメージです。

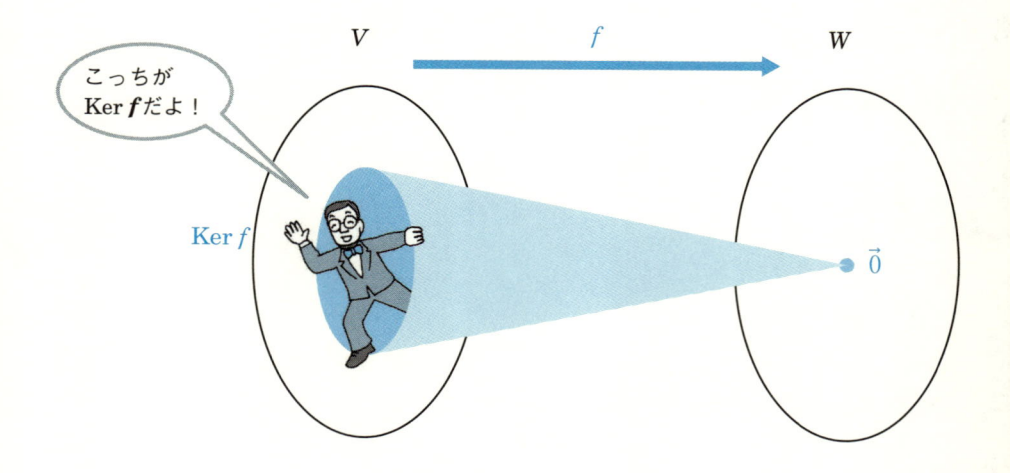

$\mathrm{Ker}\, f$は、Vの部分線形空間（部分集合）です。
Kerは、**核**（kernel：[US] kə:rnl 、[UK] kə:nl　モモなどの果実の種の中にある固い部分）からきています。
　また、線形空間V, Wで、

$$\mathrm{Im}\, f = f(V) = \{\, f(\vec{x}) \in W \mid \vec{x} \in V\,\}$$

この式の意味するところは、

写像 f を考えたとき、対応する W の要素でできる部分集合（線形空間）は、必ず V の任意の要素 $\vec{x}$ から対応されている。

ということです。図で表すと次のようなイメージです。

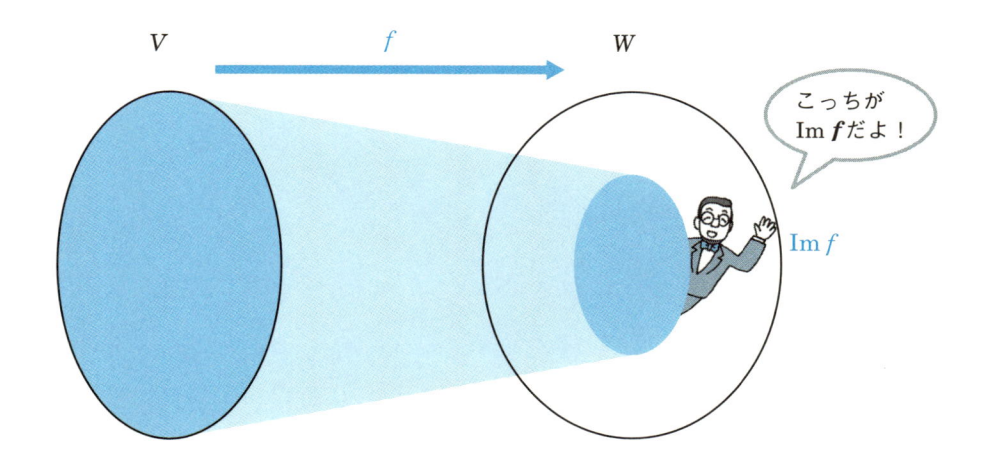

V　　　　　f　　　　　W

こっちが
Im f だよ！

Im f

f の像（image）といい Im f で表します。Im f は W の部分線形空間（部分集合）です。少し、発展的な内容でしたが、表現する名前くらいだと考えてください。

　まとめておきましょう。

①線形性を持ち、ベクトル空間からベクトル空間へ要素を移すことを線形写像という

②線形変換とは、線形空間のある要素 x を移した f にただ一つ定まる行列 P のことで、$f(x) = Px$

③Ker f とは、$\vec{0}$ になってしまう要素の集合（V の部分集合）

④Im f とは、写像を行ったときに V の要素がどれだけ W に残っているかを示す W の部分集合

次の行列 A による R^2 から R^2 への写像 f について、$\operatorname{Ker} f$ と $\operatorname{Im} f$ の次元を求めてみましょう。

$$A = \begin{pmatrix} -1 & 3 \\ 2 & 1 \end{pmatrix}$$

まず、$\operatorname{Ker} f$ です。

これを一体どうすれば…？

要素 x を $x = \begin{pmatrix} x_1 \\ y_1 \end{pmatrix}$ とします。

$\begin{pmatrix} -1 & 3 \\ 2 & 1 \end{pmatrix} \begin{pmatrix} x_1 \\ y_1 \end{pmatrix} = \begin{pmatrix} 0 \\ 0 \end{pmatrix}$ より

$$\begin{cases} -x_1 + 3y_1 = 0 \\ 2x_1 + y_1 = 0 \end{cases}$$

という連立方程式を解きます。

$$x_1 = y_1 = 0$$

すなわち、$\operatorname{Ker} f = \underline{\{\vec{x} \in V \mid f(\vec{x}) = \vec{0}\}} = \{\vec{0}\}$ となります。

V の部分集合（線形空間）内の任意の要素 $\vec{x}$ で、写像 f を考えたとき、対応する W の要素は "$\vec{0}$" になる。

次に、$\operatorname{Im} f$ の次元です。

$x = \begin{pmatrix} x_1 \\ y_1 \end{pmatrix}$ とします。

$$f(x) = \begin{pmatrix} -1 & 3 \\ 2 & 1 \end{pmatrix} \begin{pmatrix} x_1 \\ y_1 \end{pmatrix} = \begin{pmatrix} -x_1 + 3y_1 \\ 2x_1 + y_1 \end{pmatrix} = \begin{pmatrix} -x_1 \\ 2x_1 \end{pmatrix} + \begin{pmatrix} 3y_1 \\ y_1 \end{pmatrix}$$

$$= x_1 \begin{pmatrix} -1 \\ 2 \end{pmatrix} + y_1 \begin{pmatrix} 3 \\ 1 \end{pmatrix}$$

$\operatorname{Im} f$ は、$x_1 \begin{pmatrix} -1 \\ 2 \end{pmatrix} + y_1 \begin{pmatrix} 3 \\ 1 \end{pmatrix}$ による部分集合となります。

次元は、109ページで求めたように、

$\begin{pmatrix} -1 & 3 \\ 2 & 1 \end{pmatrix}$ で、2行目に1行目 ×2を加えて

$$\begin{pmatrix} -1 & 3 \\ 2-2 & 1+6 \end{pmatrix} = \begin{pmatrix} -1 & 3 \\ 0 & 7 \end{pmatrix}$$

と階段行列にし、階数は2すなわち次元は2です。

これまでの行列では、要素が実数であるものだけを扱ってきました。
もう少し発展させて、要素が複素数である場合の行列「複素行列」について説明していきましょう。

Chapter 12

複素行列

いろいろな行列が出てきますが、そんな行列があるんだくらいで大丈夫です。

Section 1 　複素行列の性質と扱う公式 ······················

　A, B を要素とする複素数の行列で、それらの共役な複素数を $\bar{A}$, $\bar{B}$ と書きます。共役な複素数とは、$a+bi$ に対して、$a-bi$ を言います。例えば、$\overline{3-5i} = 3+5i$ といったようにです。

虚数部分の前の＋と－を入れ替えればいいんだね。

イメージとしては、$\begin{pmatrix} A \\ B \end{pmatrix} = \begin{pmatrix} a+bi \\ c-di \end{pmatrix}$ に対して、$\begin{pmatrix} \bar{A} \\ \bar{B} \end{pmatrix} = \begin{pmatrix} a-bi \\ c+di \end{pmatrix}$ のようになります。

　さらに、c は複素数の定数とします。次に挙げるいくつかの性質が成り立ちます。

$$\overline{A+B} = \bar{A} + \bar{B}$$
$$\overline{A-B} = \bar{A} - \bar{B}$$
$$\overline{cA} = \bar{c}\bar{A}$$
$$\overline{AB} = \bar{A}\bar{B}$$
$$\overline{\bar{A}} = A$$

　ごく自然な感じでしょう。最後の $\overline{\bar{A}}$ は、共役の共役は元どおりですね。

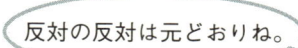

反対の反対は元どおりね。

インバースのインバースは「元どおり」だね。

Section 2 転置行列と随伴行列 ･･････････････････････････

随伴行列とは、転置行列と複素共役を合わせたような性質を持っている行列です。線形代数においては、欠かすことができない行列の一つです。まず、転置行列から簡単に説明いたしましょう。これは、行列の行と列の関係を入れ替えた行列のことで、A を行列とすると、A^T（T は大文字です。これは、t 乗と区別するためです）とか ^TA と左上に T と書かれることが多いようです。t 乗と間違えないように、本書では ^TA と表現しておきます。

例えば、$A = \begin{pmatrix} 1 & 2 & 3 \\ 4 & 5 & 6 \end{pmatrix}$ だとすると、転置行列は $^TA = \begin{pmatrix} 1 & 4 \\ 2 & 5 \\ 3 & 6 \end{pmatrix}$ となります。

横並びが縦並びになった。

$\vec{a}$ と $\vec{b}$ の内積は、$\vec{a} \cdot \vec{b}$ と書きましたが、転置行列を用いると、$^T\vec{a} \cdot \vec{b}$ と書くこともできます。これは、$\vec{a} = \begin{pmatrix} a_1 \\ a_2 \end{pmatrix}$, $\vec{b} = \begin{pmatrix} b_1 \\ b_2 \end{pmatrix}$ とすれば、$\vec{a} \cdot \vec{b} = a_1 b_1 + a_2 b_2$ でしたから、$^T\vec{a} = (a_1 \ a_2)$ と表せて、$^T\vec{a} \cdot \vec{b} = (a_1 \ a_2) \begin{pmatrix} b_1 \\ b_2 \end{pmatrix}$ となり、上の内積の計算と一致します。

転置行列は、次のような性質も持っています。

① 行列Aに対して、$^T(^TA) = A$

② 任意の正方行列Aに対して、対角成分の和（トレースA：$\text{tr}A$とも書きます）は、等しい

$$\text{tr }^TA = \text{tr}A$$

③ 任意の正方行列Aに対して行列式は、$|A|$と表しましたが、

$$|A| = |^TA|$$

$|A|$は、行列式を表しましたね。

④ Aと^TAの固有値と階級（Rank：ランク）は等しい。

階級とはその行列で線形変換を行ったときに、空間が何次元になるかを示すものでしたね。

さて、随伴行列ですが次のように表すことが多いようです。
Aを行列とすると、随伴行列はA^*で表します。
A^*は、Aの複素共役を作り、さらに転置させたものです。

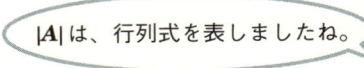

？つまり…

$A^* = {}^T\overline{A}$ということです。
随伴行列を具体例で見てみましょう。

$A = \begin{pmatrix} a_{11} & a_{12} & a_{13} \\ a_{21} & a_{22} & a_{23} \end{pmatrix}$ とします。このとき、$A^* = {}^T\overline{A} = \begin{pmatrix} \overline{a}_{11} & \overline{a}_{21} \\ \overline{a}_{12} & \overline{a}_{22} \\ \overline{a}_{13} & \overline{a}_{23} \end{pmatrix}$ となります。また、

$\begin{pmatrix} 2 & 1-i \\ -3 & 2+3i \end{pmatrix}^* = \begin{pmatrix} 2 & -3 \\ 1+i & 2-3i \end{pmatrix}$ です。

行列の縦横の配置と、＋－が入れ替わるんだ。

随伴行列には、次のような性質があります。

　　A, Bを$m \times n$行列とします。

① $(A^*)^* = A$

② $(A+B)^* = A^* + B^*$

③ $(kA)^* = \bar{k}A^*$ 　　　ただし、kは複素線形空間の要素で、$k \in \mathbb{C}$です。

④ Aを$m \times n$行列，Bを$n \times m$行列とすると、

　　$(AB)^* = B^* A^*$

　いずれも無理のある性質ではありませんが、④だけ積の**順序が入れ替わる**ので注意が必要ですね。

Section 3 直交行列とユニタリ行列 ··································

　ここまで読み進めてきた方にとって、「直交」という言葉を目にすると『内積が0』や『正規直交基底』や『直交化の方法』などを思い浮かべることでしょう。

　直交行列とは、転置行列^TA，単位行列をEとしたとき、$^TAA=E$を満たす行列Aのことです。行列Aは正方行列であることは、言うまでもありませんね。

　複素行列、転置行列と随伴行列、直交行列といろいろな行列のお話が続き、少々嫌気がさしてきたと思いますが、覚える必要はありません。

　あとで、^TA，A^*，$\bar{A}$と表記された行列を見たときにパラパラと読み返して「あぁ、これか！」程度で充分です。

　最後にもう一つだけ、ユニタリ行列というものを定義しておきましょう。

　ユニタリ行列とは、<u>直交行列</u>を複素数まで拡大したもの、バージョンアップした行列と考えてください。したがって、その定義もそっくりです。

$R^T R = RR^T = \begin{pmatrix} 1 & 0 \\ 0 & 1 \end{pmatrix}$ を満たす正方行列Rのこと

　Aを複素数を成分に持つ正方行列としたとき、

　$AA^*=E$を満たし、$A^*=A^{-1}$となる行列Aを**ユニタリ行列**といいます。

　ユニタリ行列は、随伴行列との積が単位行列で、その随伴行列は逆行列と等しくなっています。

　直交行列の性質は、次のようになります。

　　① 直交行列どうしの積はやはり直交行列となる

　　② 直交行列の行列式の値は"-1"か"1"である

③　直交行列の固有値は" −1 "か" 1 "である

④　直交行列を構成するベクトルは"正規直交行列"を成す

わりとシンプルな性質ね

また、ユニタリ行列の性質も挙げておきましょう。

①　ユニタリ行列どうしの積も
やはりユニタリ行列となる

複素数が入ると、
一気に難易度があがる！

②　ユニタリ行列の行列式の値は、
絶対値が" 1 "の複素数となる

③　ユニタリ行列の固有値は、絶対値が" 1 "の複素数となる

④　ユニタリ行列を構成するベクトル(行ベクトル, 列ベクトル)は、複素空間
での"正規直交基底"を成す

ついてきているかな？
複素数は、実数と虚数を組
み合わせた数でしたね。

直交行列と比較していかがでしょうか。

いろいろ「複素数」に書き換えてはいるものの、ほぼほぼ変わりがありませんね。
④の例を挙げておきましょう。

$A = \dfrac{1}{\sqrt{2}} \begin{pmatrix} 1 & 1 \\ -i & i \end{pmatrix}$ は、ユニタリ行列です。上の②と④を確かめてみましょう。

$\vec{x} = \dfrac{1}{\sqrt{2}}(1 , 1) , \vec{y} = \dfrac{1}{\sqrt{2}}(-i , i)$ とします。

他にもいろいろな数をあて
はめて計算してみよう。

$|\vec{x}| = \vec{x} \cdot \vec{x} = \dfrac{1}{2}(1^2 + 1^2) = 1 , \quad |\vec{y}| = \vec{y} \cdot \vec{y} = \dfrac{1}{2}((-i) \cdot (\overline{-i}) + i \cdot \overline{i}) = 1$

$\vec{x} \cdot \vec{y} = \dfrac{1}{2}(1 \cdot \overline{i} + 1 \cdot (\overline{-i})) = 0$

$A = \dfrac{1}{\sqrt{2}} \begin{pmatrix} 1 & 1 \\ -i & i \end{pmatrix}$ は、ユニタリ行列です。

絶対値が 1 だから、②が確かめられた。
式の 2 行目は、$\vec{x} = \dfrac{1}{\sqrt{2}}(1 , 1)$ と
$\vec{y} = \dfrac{1}{\sqrt{2}}(-i, i)$ を代入か。

今までいろいろな行列について紹介してきましたが、最後のChapterでは行列を使うことのメリットをまとめておきましょう。

線形代数とAI

線形代数はAIにも欠かせない存在です。

AIのモデル訓練の際には、大量のデータを効率的に扱う必要があります。線形代数を利用することで、膨大な量のデータをベクトルや行列として一括処理することができ、計算の高速化やメモリーを効率的に使えます。

また、線形代数はビッグデータやAI以外にも多くの分野で欠かせない数学の道具です。

例えば、建築や土木工学では、建物の強度計算や振動解析に利用され、電気や通信工学では信号処理やフィルタ設計に役立っています。また、物理学や化学のデータ解析、経済学のリスク管理にも、線形代数の手法が取り入れられています。

日常生活を支える多くの技術の背後には線形代数の理論が存在し、実用的な問題解決の強力なツールの一つとして活躍しています。

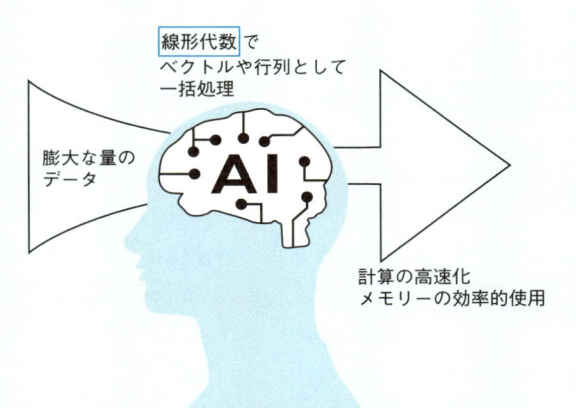

線形代数で
ベクトルや行列として一括処理

膨大な量の
データ

計算の高速化
メモリーの効率的使用

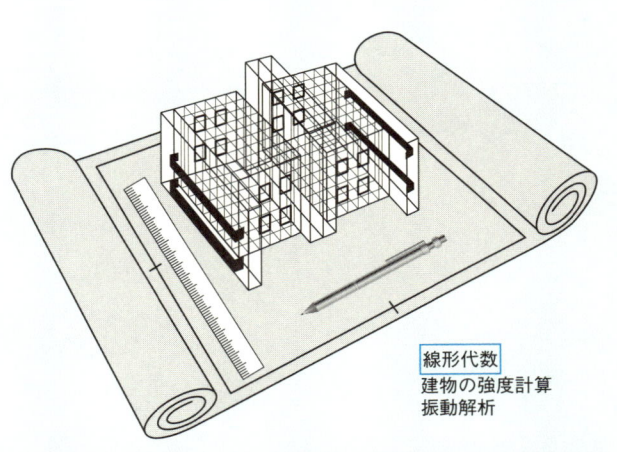

線形代数
建物の強度計算
振動解析

Chapter 13

行列の利便性

連立方程式はもちろん、行列を用いることで、プログラムを作り易いものにしています。

Section 1　Excelで連立方程式

　さて、第1部でお話ししたように連立方程式は行列を用いて解くことができました。連立方程式を行列に書き換えて、逆行列を両辺にかけることでも簡単に解けましたね。逆行列の導き方さえ覚えておけば小中学生でも簡単に解を求められるのです。

　例えば、次の連立方程式を行列を用いて解いてみます。

$$\begin{cases} x+2y=10 \\ 2x-3y=-1 \end{cases}$$

38ページでやった方法だ！

行列を用いて表すと、

$$\begin{pmatrix} 1 & 2 \\ 2 & -3 \end{pmatrix}\begin{pmatrix} x \\ y \end{pmatrix}=\begin{pmatrix} 10 \\ -1 \end{pmatrix}$$

$\begin{pmatrix} 1 & 2 \\ 2 & -3 \end{pmatrix}$ の逆行列は、$\begin{pmatrix} 1 & 2 \\ 2 & -3 \end{pmatrix}^{-1}=\dfrac{1}{-3-4}\begin{pmatrix} -3 & -2 \\ -2 & 1 \end{pmatrix}=\begin{pmatrix} \dfrac{3}{7} & \dfrac{2}{7} \\ \dfrac{2}{7} & -\dfrac{1}{7} \end{pmatrix}$

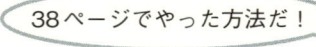

逆行列は、

$$A^{-1}=\dfrac{1}{ad-bc}\begin{pmatrix} d & -b \\ -c & a \end{pmatrix}$$

で計算したわね。

ですから、

$$\begin{pmatrix} \dfrac{3}{7} & \dfrac{2}{7} \\ \dfrac{2}{7} & -\dfrac{1}{7} \end{pmatrix}\begin{pmatrix} 1 & 2 \\ 2 & -3 \end{pmatrix}\begin{pmatrix} x \\ y \end{pmatrix}=\begin{pmatrix} \dfrac{3}{7} & \dfrac{2}{7} \\ \dfrac{2}{7} & -\dfrac{1}{7} \end{pmatrix}\begin{pmatrix} 10 \\ -1 \end{pmatrix}$$

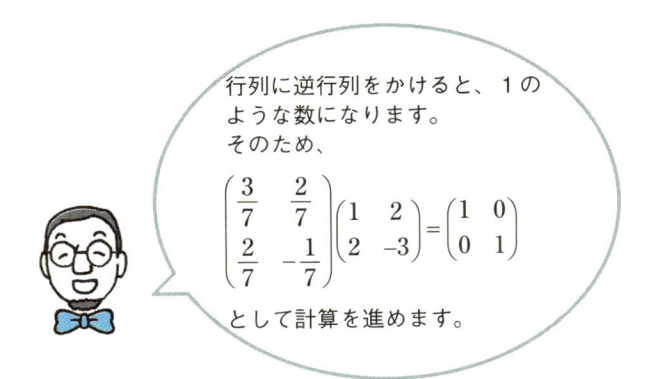

行列に逆行列をかけると、1の
ような数になります。
そのため、

$$\begin{pmatrix} \dfrac{3}{7} & \dfrac{2}{7} \\ \dfrac{2}{7} & -\dfrac{1}{7} \end{pmatrix}\begin{pmatrix} 1 & 2 \\ 2 & -3 \end{pmatrix}=\begin{pmatrix} 1 & 0 \\ 0 & 1 \end{pmatrix}$$

として計算を進めます。

$$\begin{pmatrix} x \\ y \end{pmatrix}=\begin{pmatrix} \dfrac{30}{7}-\dfrac{2}{7} \\ \dfrac{20}{7}+\dfrac{1}{7} \end{pmatrix}=\begin{pmatrix} \dfrac{28}{7} \\ \dfrac{21}{7} \end{pmatrix}=\begin{pmatrix} 4 \\ 3 \end{pmatrix}$$

$x=4$, $y=3$ と求めることができました。

これらの計算は、パソコンのExcelで簡単に済ませることができます。Excelを開き、次の図のように入力します。上で解いた連立方程式を例としてやってみますね。

$A=\begin{pmatrix} 1 & 2 \\ 2 & -3 \end{pmatrix}$, A^{-1} は A の逆行列, $b=\begin{pmatrix} 10 \\ -1 \end{pmatrix}$, $z=\begin{pmatrix} x \\ y \end{pmatrix}$ としています。

	A	B	C	D	E	F	G	H	I	J	K
1	A				A^{-1}			b		z	
2		1	2					10			
3		2	-3					-1			
4											
5											

まず、A の逆行列 A^{-1} は

E2 セルに "**=MINVERSE（B2：C3）**" と入力し **Enter** を押します。

	A	B	C	D	E	F	G	H	I	J
1		A			A^{-1}			b		z
2		1	2		=MINVERSE(B2:C3)			10		
3		2	-3					-1		
4										

Enter を押すと下のようになると思います。数値は分数にしましょう。

	A	B	C	D	E	F	G	H	I	J
1		A			A^{-1}			b		z
2			1	2	3/7	2/7		10		
3			2	-3	2/7	- 1/7		-1		

　次に、A^{-1} と b をかけて解となる z を計算させます。

J2 セルに "**=MMULT（E2：F3,H2：H3）**" と入力し **[Enter]** を押します。

	C	D	E	F	G	H	I	J	K	L
1			A^{-1}			b		z		
2	2		3/7	2/7		10		=MMULT(E2:F3,H2:H3)		
3	-3		2/7	- 1/7		-1				

これが、前ページでやった $\begin{pmatrix} \dfrac{3}{7} & \dfrac{2}{7} \\ \dfrac{2}{7} & -\dfrac{1}{7} \end{pmatrix}\begin{pmatrix} 10 \\ -1 \end{pmatrix}$ の計算だな。

	C	D	E	F	G	H	I	J	K
1			A^{-1}			b		z	
2	2		3/7	2/7		10		4	
3	-3		2/7	- 1/7		-1		3	

$x=4$, $y=3$ と同様に求めることができました。

計算は Excel の力を借りましたが、システマチックに未知数が 10 個だろうが、100 個だろうが同様に瞬時に解くことができます。

えー！びっくり！
Excel で連立方程式が解けるのね！

入力して実際に試すことができるファイルを用意しました。
右の QR コードからダウンロードできます。「本書のサポートページ」から「ダウンロード」へお進みください。

Section 2 ゲームで主人公を移動させるには ·····················

　次に、ある画像の拡大や縮小をしてみましょう。そもそも、画像をコンピュータ上で表現するときピクセルと呼ばれる細かい点の集まりの情報として保存されます。変換前の座標を (z , w)、変換後の座標を (x , y) とします。
どちらも行列です。すべてのピクセルを x 軸方向に半分、y 軸方向に2倍するような変換は、$\begin{pmatrix} x \\ y \end{pmatrix} = \begin{pmatrix} \dfrac{1}{2} & 0 \\ 0 & 2 \end{pmatrix} \begin{pmatrix} z \\ w \end{pmatrix}$ と表されます。

　コンピュータ上で元の画像を行列として取り込んで、その行列に違った行列をかけることで別の画像が得られるのです。

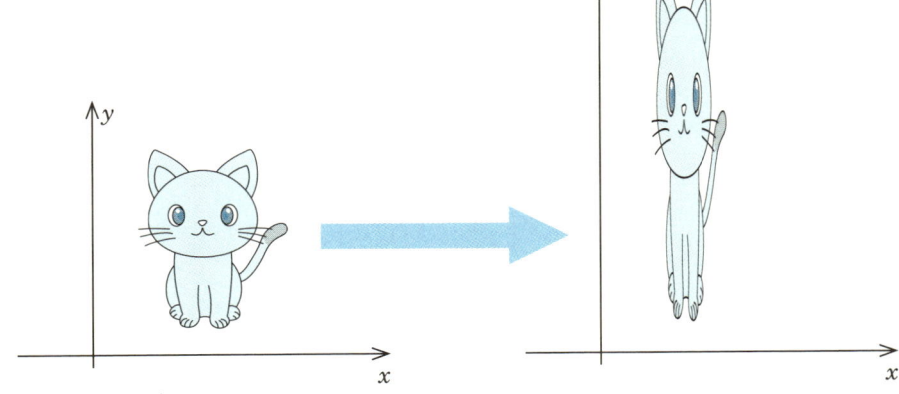

さらに、$\begin{pmatrix} -1 & 0 \\ 0 & 1 \end{pmatrix}$ という行列を元の座標に掛けると…、

y 軸に関して反転します。

元の座標に $\begin{pmatrix} 1 & 0 \\ 0 & -1 \end{pmatrix}$ を掛けると、

x 軸に関して反転します。

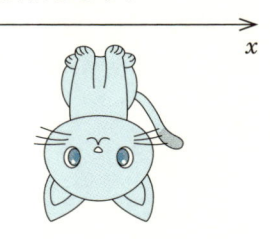

向きを変えたい、回転させたい場合は、

$\begin{pmatrix} \cos\theta & \sin\theta \\ -\sin\theta & \cos\theta \end{pmatrix}$ を掛けると、右回りに θ 回転します。

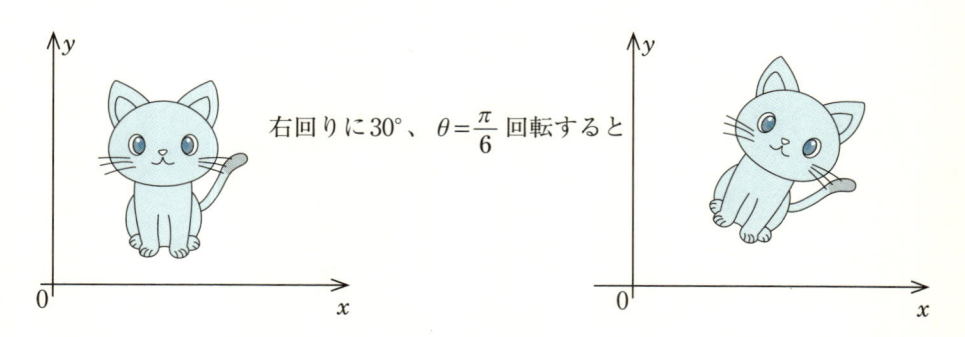

右回りに30°、$\theta = \dfrac{\pi}{6}$ 回転すると

見た目は向きが変わっただけだけど、
実は計算が行われていたのね。

Section 3) 物理学では ....

　物理学では、ベクトルの考えを駆使します。斜めに飛ばされた物体の運動を考えてみます。野球でのホームランボールの動きを思い浮かべてください。

　地面に水平方向を x 方向、垂直方向を y 方向と考えて2つの成分に分解します。物体の速度を表すベクトルを $\vec{v} = (\vec{v_x}, \vec{v_y})$ と表現すれば、水平方向には働く力は変わりませんが、垂直方向には重力が働きますので減速します。結果として落下しますね。これが放物運動です。

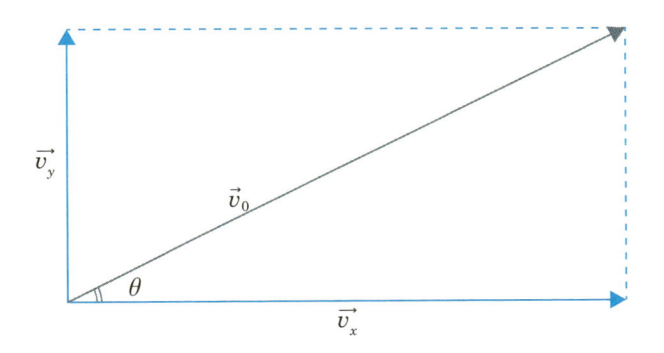

　飛んだ時の初速度を $\vec{v_0}$、水平方向との角度を θ とします。
x 方向の速度は $\vec{v_x} = \vec{v_0} \cos\theta$, y 方向の速度は $\vec{v_y} = \vec{v_0} \sin\theta$ と表すことができます。

　直線運動のような現象ではベクトルの考えは必要ありませんが、私たちの世界は3次元。この世界では、いろいろな数の組み合わせ、すなわちベクトルの考えが必要不可欠なのです。

　上の投げ上げの例以外でも、物理の世界では加速度や磁場などベクトルを使って分析されます。物理学では、微積分を用いて定式化しますが、ベクトルと微積分を組み合わせたベクトル解析と呼ばれる分野もあります。

　本書では、話がそれてしまうかもしれませんので省略しましょう。

Section 4 もう一度青果店 ・・・・・・・・・・・・・・・・・・・・・・・・・・・・・・・・・

ある青果店の仕入れ数を第1部で触れました。
大根（D）、人参（N）、トマト（T）でしたね。

	D 🥕	N 🥕	T 🍅
仕入れ数	30	15	45

（30　15　45）です。すでに3次元となっています。
さらに大根・人参・トマトに加えて、レタス（R）が28個、玉ねぎ（Ta）が65個ですと、

	D	N	T	R	Ta
仕入れ数	30	15	45	28	65

（30　15　45　28　65）と5次元と多くのデータを扱うには、n次元の考えが必要となりますね。統計学ではたくさんのデータ、ビッグデータを分析したり解析したりすることが欠かせませんね。これも線形代数の考えが必要でしょう。

線形代数って意外と身近な考え方だったんだなぁ…。

Section 5 Googleの検索サイトにも行列が ・・・・・・・・・・・・・・・・・

　さて、検索エンジンといえばGoogleですよね。
さまざまな検索サイトの中でもその精度が
優れているGoogleは評価が高く欲してい
る情報を早く提供してくれるものでしょう。

私も良くググってるわ。

　検索エンジンでは、ページにそのキーワードが何回登場するかなどの情報で測っていました。これだとあまり関連のないページも検索結果に出てきますし、また意図的にキーワードを入れ込むスパムも出現してしまいます。Googleは、「ページランク」という考え方をしています。

　これは、検索したページの関連度や重要性をランキング方式で表示するものです。あるワードを検索するとき、Webサイトから次々とリンクしていきますね。「他のページからリンクされている」＝「価値がある」と推測しているのです。いろいろなページからのリンク数が多いほど良いページとし、それに応じてポイントを加算していきます。

　皆さんはご存じかもしれませんが、インターネットにおいて「リンク」とは「ハイパーリンク」の略称。インターネット上に存在するページに誘導するもののことです。

中央にあるWebサイトは、他の4つのサイトからリンクされています。関連度や重要度がアップします。

　では、下の図のようであった場合はどうでしょう。複雑にリンクし合っています。

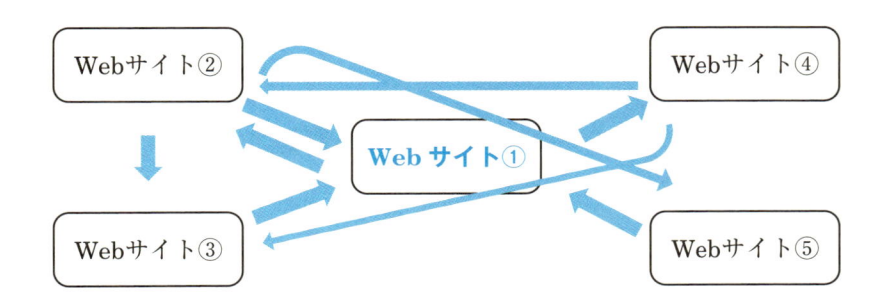

ここで、中央にあるWebサイト①の評価p_1を次のように計算します。
まず、サイト②は、サイト①・③・⑤の3か所へリンクを出しています。
これをこう表します。

$$\frac{p_2}{3}$$

同じように、サイト③は、①へだけリンクを出しています。

$$\frac{p_3}{1}$$

これがここまで学んだこととどう関係してくるんだろう？

サイト⑤も、①へだけリンクを出しています。

$$\frac{p_5}{1}$$

わたしも想像つかない…。

というように、$\dfrac{\text{そのサイト}}{\text{サイトが出しているリンク数}}$という式で表します。

そして評価したいサイト①は、②と③と⑤からリンクされているので上のリンクを受けているページ②③⑤のポイントを合計します。

$$p_1 = 0 + \frac{p_2}{3} + \frac{p_3}{1} + 0 + \frac{p_5}{1}$$

$$p_1 = \begin{pmatrix} 0 & \dfrac{1}{3} & 1 & 0 & 1 \end{pmatrix} \begin{pmatrix} p_1 \\ p_2 \\ p_3 \\ p_4 \\ p_5 \end{pmatrix}$$

と行列の積として表すことができますね。

リンクをたくさん出しているサイトからのポイントが低くなるようにしている点が重要です。

ポイントを $p = (p_1,\ p_2,\ p_3,\ p_4,\ p_5)$ と行ベクトルでまとめて A とします。

$$p = Ap$$

という式になり、

$$Ap = \lambda p$$

λ は固有値、p は固有ベクトルと呼びましたね（132ページ）。

つまり、ページのランクは固有値1としたときの固有ベクトル p を求める問題だったのです。

先ほどの問題で $p = Ap$ を解くとしたら、

固有値と固有ベクトルの問題だったのか！

$$\begin{pmatrix} p_1 \\ p_2 \\ p_3 \\ p_4 \\ p_5 \end{pmatrix} = \begin{pmatrix} 0 & \frac{1}{3} & 1 & 0 & 0 \\ \frac{1}{2} & 0 & 0 & \frac{1}{2} & 0 \\ 0 & \frac{1}{3} & 0 & \frac{1}{2} & 0 \\ \frac{1}{2} & 0 & 0 & 0 & 0 \\ 0 & \frac{1}{3} & 0 & 0 & 0 \end{pmatrix} \begin{pmatrix} p_1 \\ p_2 \\ p_3 \\ p_4 \\ p_5 \end{pmatrix}$$

固有ベクトルの一つは、$p_1 = 1$, $p_2 = \frac{3}{4}$, $p_3 = \frac{1}{2}$, $p_4 = \frac{1}{2}$, $p_5 = \frac{1}{4}$

$$p_1 > p_2 > p_3 = p_4 > p_5$$

ページ①にリンクが集まっているので重要そうなのはわかります。ページ④と⑤を比べると、どちらも1本のリンクを受けていますが、④は重要な①からのリンクを受けています。ここが $p_4 > p_5$ と、リンクに「質の差」を付けているポイントです。

さきほどの例ではサイトが①〜⑤まで5つしかありませんでした。現実、Googleは世界中のあらゆるサイトをクロールしています。サイトが増えれば増えるほど、行列 A のサイズは増えて、計算が大変になるでしょう。2018年時点でのWebページの総数は19兆を超えたと報告もされているようです。

我々の生きている世界では、多次元的に物事を捉えておかなければなりません。
線形代数をそれらの表現として用いることは、基本的なことなのです。

なるほど…。これからはますます線形代数が必須になるってことね。

第1部

Chapter 2

Section 2 **P.31** 【Questions ①】

(1) $\begin{pmatrix} -1 & 2 \\ 3 & 1 \end{pmatrix}\begin{pmatrix} 2 & 0 \\ 1 & 3 \end{pmatrix} = \begin{pmatrix} -1\times2+2\times1 & -1\times0+2\times3 \\ 3\times2+1\times1 & 3\times0+1\times3 \end{pmatrix} = \begin{pmatrix} -1+2 & 0+6 \\ 6+1 & 0+3 \end{pmatrix} = \begin{pmatrix} 1 & 6 \\ 7 & 3 \end{pmatrix}$

(2) $\begin{pmatrix} 1 & 3 \\ -2 & 4 \end{pmatrix}\begin{pmatrix} -2 & 3 \\ 1 & -4 \end{pmatrix} = \begin{pmatrix} 1\times(-2)+3\times1 & 1\times3+3\times(-4) \\ (-2)\times(-2)+4\times1 & (-2)\times3+4\times(-4) \end{pmatrix}$

$= \begin{pmatrix} -2+3 & 3-12 \\ 4+4 & -6-16 \end{pmatrix} = \begin{pmatrix} 1 & -9 \\ 8 & -22 \end{pmatrix}$

(3) $\begin{pmatrix} 2 & 1 \\ 5 & 4 \end{pmatrix}\begin{pmatrix} 1 \\ 3 \end{pmatrix} = \begin{pmatrix} 2\times1+1\times3 \\ 5\times1+4\times3 \end{pmatrix} = \begin{pmatrix} 2+5 \\ 5+12 \end{pmatrix} = \begin{pmatrix} 7 \\ 17 \end{pmatrix}$

(4) $\begin{pmatrix} 1 & 3 & -2 \\ 0 & 1 & 2 \end{pmatrix}\begin{pmatrix} 1 & 1 \\ 3 & -1 \\ 2 & 3 \end{pmatrix} = \begin{pmatrix} 1\times1+3\times3+(-2)\times2 \\ 0\times1+1\times3+2\times2 \end{pmatrix} = \begin{pmatrix} 1+9-4 \\ 0+3+4 \end{pmatrix} = \begin{pmatrix} 5 \\ 7 \end{pmatrix}$

Section 3 **P.34** 【Questions ②】

$B = \begin{pmatrix} -1 & 4 \\ 3 & 2 \end{pmatrix}$ なので、

$$B^{-1} = \frac{1}{(-1) \times 2 - 4 \times 3} \begin{pmatrix} 2 & -4 \\ -3 & -1 \end{pmatrix} = -\frac{1}{14} \begin{pmatrix} 2 & -4 \\ -3 & -1 \end{pmatrix} = \begin{pmatrix} -\dfrac{1}{7} & \dfrac{2}{7} \\ \dfrac{3}{14} & \dfrac{1}{14} \end{pmatrix}$$

$$BB^{-1} = \begin{pmatrix} -1 & 4 \\ 3 & 2 \end{pmatrix} \begin{pmatrix} -\dfrac{1}{7} & \dfrac{2}{7} \\ \dfrac{3}{14} & \dfrac{1}{14} \end{pmatrix} = \begin{pmatrix} \dfrac{1}{7} + \dfrac{6}{7} & -\dfrac{2}{7} + \dfrac{2}{7} \\ -\dfrac{3}{7} + \dfrac{3}{7} & \dfrac{6}{7} + \dfrac{1}{7} \end{pmatrix} = \begin{pmatrix} 1 & 0 \\ 0 & 1 \end{pmatrix}$$

Chapter 3

Section 1 **P.47** 【Questions ③】

(1) 行列で表現すると $\begin{pmatrix} 2 & 5 & -11 \\ 3 & 4 & -6 \end{pmatrix}$　　1行目と2行目を入れ替える

$\begin{pmatrix} 3 & 4 & -6 \\ 2 & 5 & -11 \end{pmatrix}$　　1行目から2行目を引く

$\begin{pmatrix} 1 & -1 & 5 \\ 2 & 5 & -11 \end{pmatrix}$　　1行目 × (−2) +2行目

$\begin{pmatrix} 1 & -1 & 5 \\ 2+(-2) & 5+2 & -11-10 \end{pmatrix}$

$\begin{pmatrix} 1 & -1 & 5 \\ 0 & 7 & -21 \end{pmatrix}$　　2行目 ÷7+1行目

$\begin{pmatrix} 1 & 0 & 2 \\ 0 & 1 & -3 \end{pmatrix}$　　解は、$x=2$, $y=-3$

(2)　行列で表現すると　$\begin{pmatrix} 1 & 1 & 1 & 9 \\ 2 & 3 & -2 & 5 \\ 3 & -1 & 1 & 7 \end{pmatrix}$

$\begin{pmatrix} 1 & 1 & 1 & 9 \\ 0 & 1 & -4 & -13 \\ 3 & -1 & 1 & 7 \end{pmatrix}$　2行目 -1行目 $\times 2$

$\begin{pmatrix} 1 & 1 & 1 & 9 \\ 0 & 1 & -4 & -13 \\ 3 & -1 & 1 & 7 \end{pmatrix}$　3行目 -1行目 $\times 3$

$\begin{pmatrix} 1 & 1 & 1 & 9 \\ 0 & 1 & -4 & -13 \\ 0 & -4 & -2 & -20 \end{pmatrix}$　3行目 $\times \left(-\dfrac{1}{2} \right)$

$\begin{pmatrix} 1 & 1 & 1 & 9 \\ 0 & 1 & -4 & -13 \\ 0 & 2 & 1 & 10 \end{pmatrix}$　1行目 -2行目

$\begin{pmatrix} 1 & 0 & 5 & 22 \\ 0 & 1 & -4 & -13 \\ 0 & 2 & 1 & 10 \end{pmatrix}$　3行目 -2行目 $\times 2$

$\begin{pmatrix} 1 & 0 & 5 & 22 \\ 0 & 1 & -4 & -13 \\ 0 & 0 & 9 & 36 \end{pmatrix}$　3行目 $\times \left(\dfrac{1}{9} \right)$

$\begin{pmatrix} 1 & 0 & 5 & 22 \\ 0 & 1 & -4 & -13 \\ 0 & 0 & 1 & 4 \end{pmatrix}$　1行目 -3行目 $\times 5$

$\begin{pmatrix} 1 & 0 & 0 & 2 \\ 0 & 1 & -4 & -13 \\ 0 & 0 & 1 & 4 \end{pmatrix}$　2行目 $+3$行目 $\times 4$

$$\begin{pmatrix} 1 & 0 & 0 & 2 \\ 0 & 1 & 0 & 3 \\ 0 & 0 & 1 & 4 \end{pmatrix} \qquad 解は、\; x=2,\; y=3,\; z=4$$

※あくまで解き方は一例です。

Chapter 3
Section 2　P.50　【Questions ④】

（1）$\begin{pmatrix} 3 & 2 \\ 1 & 4 \end{pmatrix}\begin{pmatrix} x \\ y \end{pmatrix}=\begin{pmatrix} 7 \\ 9 \end{pmatrix}$

$$\begin{pmatrix} 3 & 2 \\ 1 & 4 \end{pmatrix}^{-1}=\frac{1}{10}\begin{pmatrix} 4 & -2 \\ -1 & 3 \end{pmatrix}$$

$$\frac{1}{10}\begin{pmatrix} 4 & -2 \\ -1 & 3 \end{pmatrix}\begin{pmatrix} 3 & 2 \\ 1 & 4 \end{pmatrix}\begin{pmatrix} x \\ y \end{pmatrix}=\frac{1}{10}\begin{pmatrix} 4 & -2 \\ -1 & 3 \end{pmatrix}\begin{pmatrix} 7 \\ 9 \end{pmatrix}$$

$$\begin{pmatrix} x \\ y \end{pmatrix}=\frac{1}{10}\begin{pmatrix} 28-10 \\ -7+27 \end{pmatrix}=\frac{1}{10}\begin{pmatrix} 10 \\ 20 \end{pmatrix}=\begin{pmatrix} 1 \\ 2 \end{pmatrix}$$

（2）$\begin{pmatrix} 5 & -2 \\ 10 & -3 \end{pmatrix}\begin{pmatrix} x \\ y \end{pmatrix}=\begin{pmatrix} 4 \\ 1 \end{pmatrix}$

$$\begin{pmatrix} 5 & -2 \\ 10 & -3 \end{pmatrix}^{-1}=\frac{1}{5}\begin{pmatrix} -3 & 2 \\ -10 & 5 \end{pmatrix}$$

$$\frac{1}{5}\begin{pmatrix} -3 & 2 \\ -10 & 5 \end{pmatrix}\begin{pmatrix} 5 & -2 \\ 10 & -3 \end{pmatrix}\begin{pmatrix} x \\ y \end{pmatrix}=\frac{1}{5}\begin{pmatrix} -3 & 2 \\ -10 & 5 \end{pmatrix}\begin{pmatrix} 4 \\ 1 \end{pmatrix}$$

$$\begin{pmatrix} x \\ y \end{pmatrix}=\frac{1}{5}\begin{pmatrix} -12+2 \\ -40+5 \end{pmatrix}=\frac{1}{5}\begin{pmatrix} -10 \\ -35 \end{pmatrix}=\begin{pmatrix} -2 \\ -7 \end{pmatrix}$$

（3）
$$\begin{pmatrix} -1 & 2 \\ 3 & -1 \end{pmatrix}\begin{pmatrix} x \\ y \end{pmatrix} = \begin{pmatrix} -1 \\ 1 \end{pmatrix}$$

$$\begin{pmatrix} -1 & 2 \\ 3 & -1 \end{pmatrix}^{-1} = -\frac{1}{5}\begin{pmatrix} -1 & -2 \\ -3 & -1 \end{pmatrix}$$

$$-\frac{1}{5}\begin{pmatrix} -1 & -2 \\ -3 & -1 \end{pmatrix}\begin{pmatrix} -1 & 2 \\ 3 & -1 \end{pmatrix}\begin{pmatrix} x \\ y \end{pmatrix} = -\frac{1}{5}\begin{pmatrix} -1 & -2 \\ -3 & -1 \end{pmatrix}\begin{pmatrix} -1 \\ 1 \end{pmatrix}$$

$$\begin{pmatrix} x \\ y \end{pmatrix} = -\frac{1}{5}\begin{pmatrix} 1-2 \\ 3-1 \end{pmatrix} = -\frac{1}{5}\begin{pmatrix} -1 \\ 2 \end{pmatrix} = \begin{pmatrix} \dfrac{1}{5} \\ -\dfrac{2}{5} \end{pmatrix}$$

$$x = \frac{1}{5}$$

$$y = -\frac{2}{5}$$

Chapter 4

Section 3　**P.65**　【Questions ⑤】

（1）　行列で表現して、

$$\begin{pmatrix} 4 & 3 & 2 \\ 2 & -1 & -2 \\ 1 & 5 & 6 \end{pmatrix}\begin{pmatrix} x \\ y \\ z \end{pmatrix} = \begin{pmatrix} 4 \\ 2 \\ 3 \end{pmatrix} \qquad A = \begin{vmatrix} 4 & 3 & 2 \\ 2 & -1 & -2 \\ 1 & 5 & 6 \end{vmatrix}$$

サラスの方法で、

$$|A| = \begin{vmatrix} 4 & 3 & 2 & 4 & 3 \\ 2 & -1 & -2 & 2 & -1 \\ 1 & 5 & 6 & 1 & 5 \end{vmatrix} = -24 - 6 + 20 + 2 + 40 - 36 = -4$$

$\begin{pmatrix} p \\ q \\ r \end{pmatrix} = \begin{pmatrix} 4 \\ 2 \\ 3 \end{pmatrix}$ として、x を求めるために、

$$\begin{vmatrix} 4 & 3 & 2 \\ 2 & -1 & -2 \\ 3 & 5 & 6 \end{vmatrix} = \begin{vmatrix} 4 & 3 & 2 & 4 & 3 \\ 2 & -1 & -2 & 2 & -1 \\ 3 & 5 & 6 & 3 & 5 \end{vmatrix} = -24 - 18 + 20 + 6 + 40 - 36 = -12$$

$$x = \frac{-12}{|A|} = \frac{-12}{-4} = 3$$

y を求めるために、

$$\begin{vmatrix} 4 & 4 & 2 \\ 2 & 2 & -2 \\ 1 & 3 & 6 \end{vmatrix} = \begin{vmatrix} 4 & 4 & 2 & 4 & 4 \\ 2 & 2 & -2 & 2 & 2 \\ 1 & 3 & 6 & 1 & 3 \end{vmatrix} = 48 - 8 + 12 - 4 + 24 - 48 = 24$$

$$y = \frac{24}{|A|} = \frac{24}{-4} = -6$$

z を求めるために、

$$\begin{vmatrix} 4 & 3 & 4 \\ 2 & -1 & 2 \\ 1 & 5 & 3 \end{vmatrix} = \begin{vmatrix} 4 & 3 & 4 & 4 & 3 \\ 2 & -1 & 2 & 2 & -1 \\ 1 & 5 & 3 & 1 & 5 \end{vmatrix} = -12 + 6 + 40 + 4 - 40 - 18 = -20$$

$$z = \frac{-20}{|A|} = \frac{-20}{-4} = 5 \quad よって、x = 3, y = -6, z = 5$$

(2)　行列で表現して、

$$\begin{pmatrix} 3 & -1 & 2 \\ 2 & 1 & -5 \\ 1 & 1 & -4 \end{pmatrix} \begin{pmatrix} x \\ y \\ z \end{pmatrix} = \begin{pmatrix} -5 \\ 24 \\ 19 \end{pmatrix} \qquad A = \begin{vmatrix} 3 & -1 & 2 \\ 2 & 1 & -5 \\ 1 & 1 & -4 \end{vmatrix}$$

サラスの方法で、

$$|A| = \begin{vmatrix} 3 & -1 & 2 & 3 & -1 \\ 2 & 1 & -5 & 2 & 1 \\ 1 & 1 & -4 & 1 & 1 \end{vmatrix} = -12 + 5 + 4 - 2 + 15 - 8 = 2$$

$\begin{pmatrix} p \\ q \\ r \end{pmatrix} = \begin{pmatrix} -5 \\ 24 \\ 19 \end{pmatrix}$ として、x を求めるために、

$$\begin{vmatrix} -5 & -1 & 2 \\ 24 & 1 & -5 \\ 19 & 1 & -4 \end{vmatrix} = \begin{vmatrix} -5 & -1 & 2 & -5 & -1 \\ 24 & 1 & -5 & 24 & 1 \\ 19 & 1 & -4 & 19 & 1 \end{vmatrix} = 20 + 95 + 48 - 38 - 25 - 96 = 4$$

$$x = \frac{4}{|A|} = \frac{4}{2} = 2$$

y を求めるために、

$$\begin{vmatrix} 3 & -5 & 2 \\ 2 & 24 & -5 \\ 1 & 19 & -4 \end{vmatrix} = \begin{vmatrix} 3 & -5 & 2 & 3 & -5 \\ 2 & 24 & -5 & 2 & 24 \\ 1 & 19 & -4 & 1 & 19 \end{vmatrix} = -288 + 25 + 76 - 48 + 285 - 40 = 10$$

$$y = \frac{10}{|A|} = \frac{10}{2} = 5$$

z を求めるために、

$$\begin{vmatrix} 3 & -1 & -5 \\ 2 & 1 & 24 \\ 1 & 1 & 19 \end{vmatrix} = \begin{vmatrix} 3 & -1 & -5 & 3 & -1 \\ 2 & 1 & 24 & 2 & 1 \\ 1 & 1 & 19 & 1 & 1 \end{vmatrix} = 57 - 24 - 10 + 5 - 72 + 38 = -6$$

$$z = \frac{-6}{|A|} = \frac{-6}{2} = -3 \quad よって、x = 2,\ y = 5,\ z = -3$$

第2部

Chapter 10

$A = \begin{pmatrix} 1 & 2 \\ -1 & 4 \end{pmatrix}$ の固有値と固有ベクトル

固有方程式 $|A - \alpha E| = 0$ は、

$\left| \begin{pmatrix} 1 & 2 \\ -1 & 4 \end{pmatrix} - \alpha \begin{pmatrix} 1 & 0 \\ 0 & 1 \end{pmatrix} \right| = 0$ ですから、

$\left| \begin{pmatrix} 1 & 2 \\ -1 & 4 \end{pmatrix} - \begin{pmatrix} \alpha & 0 \\ 0 & \alpha \end{pmatrix} \right| = 0 \quad \begin{vmatrix} 1-\alpha & 2 \\ -1 & 4-\alpha \end{vmatrix} = 0$

$(1-\alpha)(4-\alpha) - 2 \times (-1) = 0$

$\alpha^2 - 5\alpha + 6 = 0 \qquad \alpha = 2,\ 3 \ \cdots$ 固有値

$A = \begin{pmatrix} 1 & 2 \\ -1 & 4 \end{pmatrix}$ の固有ベクトル $\boldsymbol{X} = \begin{pmatrix} x_1 \\ y_1 \end{pmatrix}$ は、

$\begin{pmatrix} 1 & 2 \\ -1 & 4 \end{pmatrix} \begin{pmatrix} x_1 \\ y_1 \end{pmatrix} = \alpha \begin{pmatrix} x_1 \\ y_1 \end{pmatrix}$

この右辺の式を、$\alpha \begin{pmatrix} x_1 \\ y_1 \end{pmatrix} = \alpha \begin{pmatrix} 1 & 0 \\ 0 & 1 \end{pmatrix} \begin{pmatrix} x_1 \\ y_1 \end{pmatrix} = \begin{pmatrix} \alpha & 0 \\ 0 & \alpha \end{pmatrix} \begin{pmatrix} x_1 \\ y_1 \end{pmatrix}$

よって、$\begin{pmatrix} 1 & 2 \\ -1 & 4 \end{pmatrix} \begin{pmatrix} x_1 \\ y_1 \end{pmatrix} = \begin{pmatrix} \alpha & 0 \\ 0 & \alpha \end{pmatrix} \begin{pmatrix} x_1 \\ y_1 \end{pmatrix}$

$\begin{pmatrix} 1 & 2 \\ -1 & 4 \end{pmatrix} \begin{pmatrix} x_1 \\ y_1 \end{pmatrix} - \begin{pmatrix} \alpha & 0 \\ 0 & \alpha \end{pmatrix} \begin{pmatrix} x_1 \\ y_1 \end{pmatrix} = 0$

$$\left\{\begin{pmatrix} 1 & 2 \\ -1 & 4 \end{pmatrix} - \begin{pmatrix} \alpha & 0 \\ 0 & \alpha \end{pmatrix}\right\}\begin{pmatrix} x_1 \\ y_1 \end{pmatrix} = 0 \quad \begin{pmatrix} 1-\alpha & 2 \\ -1 & 4-\alpha \end{pmatrix}\begin{pmatrix} x_1 \\ y_1 \end{pmatrix} = 0$$

ここで、先ほど求めた固有値 $\alpha = 2$ のときは

$$\begin{pmatrix} -1 & 2 \\ -1 & 2 \end{pmatrix}\begin{pmatrix} x_1 \\ y_1 \end{pmatrix} = 0 \text{ これは、} -x_1 + 2y_1 = 0 \text{ という不定方程式になります。}$$

$x_1 = 2$, $y_1 = 1$ が解の一つ、$\begin{pmatrix} 2 \\ 1 \end{pmatrix}$ が固有ベクトルの一つとなります。

固有値 $\alpha = 3$ のときは

$$\begin{pmatrix} -2 & 2 \\ -1 & 1 \end{pmatrix}\begin{pmatrix} x_1 \\ y_1 \end{pmatrix} = 0$$

$$\begin{pmatrix} -2x_1 + 2y_1 \\ -x_1 + y_1 \end{pmatrix} = 0 \quad \text{となり、これも、} -x_1 + y_1 = 0 \text{ という不定方程式です。}$$

$x_1 = 1$, $y_1 = 1$ が解の一つ、$\begin{pmatrix} 1 \\ 1 \end{pmatrix}$ が固有ベクトルの一つとなります。

Section 4　**P.149**　【Questions ⑦】

次の行列を対角化するための行列 P を1つ求め、それを用いて対角化します。

$A = \begin{pmatrix} 5 & 6 \\ 2 & 4 \end{pmatrix}$ とします。

まず、固有値と固有ベクトルを考えましょう。

固有ベクトル $\boldsymbol{X} = \begin{pmatrix} x_1 \\ y_1 \end{pmatrix}$ とします。

$$\begin{pmatrix} 5 & 6 \\ 2 & 4 \end{pmatrix}\begin{pmatrix} x_1 \\ y_1 \end{pmatrix} = \alpha\begin{pmatrix} x_1 \\ y_1 \end{pmatrix}$$

$$\begin{pmatrix} 5 & 6 \\ 2 & 4 \end{pmatrix}\begin{pmatrix} x_1 \\ y_1 \end{pmatrix} - \begin{pmatrix} \alpha & 0 \\ 0 & \alpha \end{pmatrix}\begin{pmatrix} x_1 \\ y_1 \end{pmatrix} = \begin{pmatrix} 0 \\ 0 \end{pmatrix} \quad \text{より} \quad \begin{pmatrix} 5-\alpha & 6 \\ 2 & 4-\alpha \end{pmatrix}\begin{pmatrix} x_1 \\ y_1 \end{pmatrix} = \begin{pmatrix} 0 \\ 0 \end{pmatrix} \cdots ※$$

固有方程式 $\begin{vmatrix} 5-\alpha & 6 \\ 2 & 4-\alpha \end{vmatrix} = 0$ を解いて、

$(5-\alpha)(4-\alpha)-12=0$

$\alpha^2 - 9\alpha + 8 = 0$

$\alpha = 1,\ 8 \cdots$ 固有値

$\alpha = 1$ のときは、※に代入して、$\begin{pmatrix} 4 & 6 \\ 2 & 3 \end{pmatrix}\begin{pmatrix} x_1 \\ y_1 \end{pmatrix} = \begin{pmatrix} 0 \\ 0 \end{pmatrix}$

$4x_1 + 6y_1 = 0$ すなわち、

$2x_1 + 3y_1 = 0$

固有ベクトルの一つは、$\begin{pmatrix} x_1 \\ y_1 \end{pmatrix} = \begin{pmatrix} 3 \\ -2 \end{pmatrix}$

$\alpha = 8$ ときは、$\begin{pmatrix} -3 & 6 \\ 2 & -4 \end{pmatrix}\begin{pmatrix} x_1 \\ y_1 \end{pmatrix} = \begin{pmatrix} 0 \\ 0 \end{pmatrix}$

$-3x_1 + 6y_1 = 0$ すなわち、$x_1 - 2y_1 = 0$

固有ベクトルの一つは、$\begin{pmatrix} x_1 \\ y_1 \end{pmatrix} = \begin{pmatrix} 2 \\ 1 \end{pmatrix}$

$P = \begin{pmatrix} 3 & 2 \\ -2 & 1 \end{pmatrix}$ とおけば、

$P^{-1} = \dfrac{1}{7}\begin{pmatrix} 1 & -2 \\ 2 & 3 \end{pmatrix}$

$P^{-1}AP = \dfrac{1}{7}\begin{pmatrix} 1 & -2 \\ 2 & 3 \end{pmatrix}\begin{pmatrix} 5 & 6 \\ 2 & 4 \end{pmatrix}\begin{pmatrix} 3 & 2 \\ -2 & 1 \end{pmatrix} = \dfrac{1}{7}\begin{pmatrix} 1 & -2 \\ 16 & 24 \end{pmatrix}\begin{pmatrix} 3 & 2 \\ -2 & 1 \end{pmatrix} = \dfrac{1}{7}\begin{pmatrix} 7 & 0 \\ 0 & 56 \end{pmatrix} = \begin{pmatrix} 1 & 0 \\ 0 & 8 \end{pmatrix}$

となり、対角行列にできました。

あとがき

　理工系の学生の皆さんは、大学に入いるといきなり線形代数なんて聞いたこともない学問を習わされる羽目になってしまいます。それも必修科目であることが多く、成績が悪いと単位が取れなく次年度も履修…(涙)

　筆者も苦労しました。

　小さい声で言いますが、一度追試を受けました。

　おほん。

　必修科目であることには理由があります。

　いろいろな分野から構成される数学の中で、もっとも応用が効くもので、世の中のいたるところで応用され、使われているからなのです。

　本文中にも書きましたが、線形代数は、画像処理や3次元データ処理(回転とか拡大とか)幾何学的な操作を簡単に表現することができましたね。

　Googleのサイト評価システムであるPageRank(検索エンジン)の有名なアルゴリズムは、固有値、固有ベクトルの考え方にも関係しています。

　統計学の分野では、膨大なデータから重要な成分のみを抽出しなければなりませんから、ここにも行列が使われています。

　さらに、物理学での回転操作は行列を使って簡潔に記述することできますし、量子力学などに使われる理論は無限次元での行列を使って記述することができます。

　他にも数多くの技術が線形代数の恩恵を受けています。

　というか、もし線形代数がないとこの世の便利なものはほとんど無くなってしまうのです(笑)

　本書をお読みになって、少しでもその世界に触れることができましたら幸いです。

索引

参考文献 ••

❶『高校数学の美しい物語』 難波博之著／SBクリエイティブ
❷『高校レベルからわかる！やさしくわかる線形代数』
　ノマド・ワークス著／ナツメ社
❸『大学1年生もバッチリ分かる線形代数入門』 小倉且也著／プレアデス出版

著者紹介 ••

関根　章道（せきね　あきみち）
1956年生まれ。
日本大学理工学部数学科卒業。大学時代の専攻は偏微分方程式。
趣味は楽器（ファゴット）演奏。
アマチュアオーケストラに所属し、年数回ステージに立つ。
今、はまっていることは料理とムエタイ（キックボクシング）。
都内にある私立高校に43年勤め定年退職。

　現在、麻布大学生命・環境科学部数学非常勤講師、ヒューマンアカデミー横浜校非常勤講師、品川翔英中学高等学校数学非常勤講師、日本リメディアル教育学会会員。

　2023年7月、日本テレビ『午前零時の森』に暗号出題者として、また2024年5月、NHK-BS『ダークサイドミステリー』にコメンテーターとして出演する。

　著書に『人に話したくなる数学おもしろ定理』、『即断力が身につく数学おもしろセンス』、『中学数学からはじめる暗号入門』（いずれも技術評論社既刊）
　得意なこと：良い音の柏手を打てる。
　苦手なこと：自転車の立ち漕ぎ。

◎ 本書に関する最新情報は，右の QR コードから
　書籍サポートページへアクセスのうえご覧ください．

◎ 本書へのご意見，ご感想は，以下の宛先へ書面にてお受けしております．
　電話でのお問い合わせにはお答えいたしかねますので，
　あらかじめご了承ください．

〒 162-0846 東京都新宿区市谷左内町 21-13
　株式会社 技術評論社 書籍編集部
　『中学数学＋αでわかる線形代数のエッセンス』 係
　FAX：03-3267-2271

中学数学＋αでわかる線形代数のエッセンス
～現代に必要不可欠な数学、そのわけ～

2024 年 12 月 18 日　　初 版　第 1 刷発行

著　者　関根　章道
発行者　片岡　巌
発行所　株式会社技術評論社
　　　　東京都新宿区市谷左内町 21-13
　　　　電話　03-3513-6150　販売促進部
　　　　　　　03-3267-2270　書籍編集部
印刷／製本　昭和情報プロセス株式会社

定価はカバーに表示してあります。

装丁、本文デザイン ▶ 下野ツヨシ（ツヨシ＊グラフィックス）
組版、本文イラスト ▶ キーステージ２１、堀江 篤史

ISBN978-4-297-14540-8　C3041
Printed in Japan